design and transformation of
public rental housing

by Li Xiaoning

廉租房

实验设计

板塔式

塔式

标准模块式

李小宁　著

公租房的
设计与改造

中国建筑工业出版社

图书在版编目（CIP）数据

公租房的设计与改造/李小宁著.—北京：中国建筑工业
出版社，2012.10
ISBN 978-7-112-14659-8

Ⅰ.①公… Ⅱ.①李… Ⅲ.①住宅-建筑设计②住宅-
旧房改造 Ⅳ.①TU241

中国版本图书馆CIP数据核字（2012）第215373号

本书作者为我国著名楼市分析专家、户型设计专家。

本书内容为公租房的设计与改造，包括廉租房、实验和创新设计户型、北京市和国家公租房指南所列合体一居、一居和两居类户型等的设计与改造实例。作者对每一个项目都进行了非常仔细的设计分析，并将原设计稿和改动设计稿都用图直观地表达出来，是市场上同类书少见的。书稿中还讨论了公租房的面积和公租房的改造要点等相关问题。

本书图文并茂，直观实用，可供开发商、建筑设计公司、房地产策划营销、建筑装饰公司及广大居民等参考使用。

责任编辑：许顺法 陆新之
责任设计：陈 旭
责任校对：张 颖 刘 钰

公租房的设计与改造
李小宁 著
*
中国建筑工业出版社出版、发行（北京西郊百万庄）
各地新华书店、建筑书店经销
北京嘉泰利德公司制版
北京画中画印刷有限公司印刷
*
开本：880×1230毫米 1/16 印张：12$\frac{1}{2}$ 字数：388千字
2013年1月第一版 2013年1月第一次印刷
定价：88.00元
ISBN 978-7-112-14659-8
（22704）

户型的设计与设施

（代前言）

目前，公共租赁住房建设需求迫切，成本受限，各地许多建设单位处于"摸石头过河"，因此，规范其建设机制，提高建设质量和效率，推动新型建筑材料、节能环保设备以及住宅产业化的全面实施，成为了关键。

在公共租赁住房建设中，设计显得十分的重要，尤其表现在户型的精细化设计上，其中包括标准化设计和适应性设计。

标准化设计

在满足建筑规范的前提下，标准化设计要遵循这样一些原则：

户型内管线较多的空间，如厨房、卫生间等，应集中设计，形成集中管线区，既便于标准化建造，又方便后期的维护和改造。厨房和卫生间沿进深方向布置，形成纵向管线区，沿开间方向布置，形成横向管线区。用水空间集中布置，管线设备集约化，是符合住宅全生命周期的设计理念。

在进行户型集中管线设计时，还应考虑楼栋整体的管线设计方案。

户型之间灵活拼接，可采用模块方式，便于形成多样化的组合平面，为住宅产业化的实施奠定基础。因此，需要对各类户型面宽和进深的尺度进行推敲，达到统一标准。

厨房、卫生间是设备和管线的密集区，为便于工业化建造，应对其进行细致的标准化设计，甚至可以考虑整体厨房和整体卫生间。

套内各功能空间尺度一般应符合《住宅设计规范》（GB 50096—2011）、《住宅性能评定技术标准》（GB/T 50362—2005）等国家标准，鉴于公共租赁住房面积小、使用率低等特点，2012年8月1日实行的新版《住宅设计规范》（GB 50096—2011）中已降低了部分面积标准，如：双人卧室不小于9平方米；单人卧室不小于5平方米；起居室不小于10平方米；厨房不小于4平方米和3.5平方米；卫生间（三大件）不小于2.5平方米。

在居室开间和进深的比例上，要保证家具的正常摆放，如：二居室要满足三口之家的使用，包括客厅设三人沙发，餐厅摆四人餐桌；双人卧室要能放下卧室三件套（1.5米的床、衣柜、床头柜或小书桌），并且床要平行于窗户摆放，两侧留出上下床的空间；厨房、卫生间净宽度不小于1.5米。

重视设计与建造的标准化、工业化和产业化，采用基本模块形式进行单元布置，便于控制成本和质量，提高建造速度。

适应性设计

是指住宅实体空间的用途具有多样性，可以适应不同的住户。内部空间具有可变性，随着时间的推进，住户可以在一定程度上根据需要改变住宅的空间，把住宅作为一个动态产品而非终结性产品。

适应性设计包括单元平面设计、住宅套型设计、隔声性能设计、建筑装修等。

单元平面设计要注意三方面：单元平面布局、模数协调和可改造性、单元公共空间。

单元平面布局要做到平面布局合理规整、功能关系紧凑、空间利用充分，同时应减小体形系数和压缩公共交通面积，达到降低成本和减少公摊面积的目的。

模数协调和可改造性主要表现为户内空间的尺寸合理和分隔灵活，如利用工业废料烧结的砌体结构，就要考虑砌块的模数，而采用钢筋混凝土框架体系，则要使各向尺寸符合模数协调要求，也就是模数协调网格化，不应使平面尺寸随意化。要尽量选择有利于空间灵活分隔的结构体系，如框架体系。要尽量减少过多的大面积钢筋混凝土墙或承重墙的设置，为日后改造提供便利。

单元公共空间的设计要充分考虑单元入口进厅、楼梯间和垃圾收集设施的布置，如单元入口处设进厅或门厅，电梯前室深度不小于多部电梯中最大轿厢的深度。

住宅套型设计既要满足国家标准中强制性条文的要求，又要考虑相关文件的规定，在规划套内功能空间尺寸时，要进行相应的利弊权衡和取舍，如：套内空间尽可能综合利用，减少交通面积；卧室满足自然通风和采光，无明显视线干扰和采光遮挡；起居室、主要卧室的采光窗不朝向凹口侧墙和天井；针对公共租赁住房套型较小的特点，起居室和卧室可合并使用采光窗，或者增加隔断，使起居部分处于无采光或间接采光的空间中等。因此，各功能空间的设计应注意：

门厅是增强户内空间私密性、完善住宅功能的过渡空间，尽量设置收纳柜，以满足更衣、换鞋的需要。考虑到综合利用，门厅应和餐厅、客厅相互借用空间，甚至合用，以减少交通面积，达到空间的集约高效。

餐厅要考虑用餐空间与厨房之间的密切联系，便于使用。同时，还要考虑与客厅之间的互动，既能增强家庭成员之间的交流，又可相互借用空间，达到起居室面积的最大化。

起居室尽量规整并且相对独立，以满足舒适度的要求。很多时候，为保证卧室和厨卫的面积，

起居室往往设在交通枢纽处，成为了过厅甚至干脆只是餐厅，会客和家庭起居的功能基本丧失，这样的设计倒退到了20世纪七八十年代有室无厅的样式，其结果是居住者往往要拿出一间卧室兼作起居室，导致了功能混杂、面积浪费。

卧室可以采用灵活隔断，使得功能可变，也可以用墙和门完全隔断，保持私密性。需要注意的是，卧室家具应正常摆放，以适应正常的生活需要，那种将双人床靠墙成"炕"的设计，使睡在里侧的人只能从床尾爬上爬下，缺乏人性化。

收纳空间要重视分类储藏的需求，设置门厅、卫生间、厨房、卧室等各类收纳系统，同时充分利用上部空间，采用吊柜等方式，发挥空间的最大功效。

阳台内除设置空调、采暖炉外，尽量纳入洗衣机，以达到功能多样化。北方地区需采用全封闭阳台解决保温问题。

此外，在户型精细化设计的基础上，还要注重设备设施的完善。

住宅的设备设施主要包括厨卫设施、给水排水与燃气设施、采暖通风与空调设施以及电气设备与设施和无障碍设施等。

厨卫设施

厨房和卫生间是对功能要求较高的空间，集中布置了大量的设备。厨卫配置水平在一定程度上体现了住宅的品质。

厨房内，除去灶具和洗涤盆外，尽量纳入冰箱甚至洗衣机，方便使用。对于超小套型的开放式厨房，可以将餐桌和橱柜设计成一体，节约空间。在平面布局上，厨房应按"洗、切、烧、搁"的炊事流程布置设备，避免因流程混乱造成使用不便。

卫生间三件套尽量集中设置，以保证空间的完整。洗浴和坐便器之间应有一定的分隔，避免共用空间产生相互干扰。在面积允许的情况下，卫生间内尽量纳入洗衣机。干湿分离卫生间占用

面积较大，虽然能提高使用效率，但分割后空间无法集约高效，若不是兼作交通转换空间，应慎重使用。

给水排水与燃气设施

住宅生活给水系统的水源，无论采用市政管网，还是自备水源井，其水质均应符合国家现行标准《生活饮用水卫生标准》（GB 5749）、《城市供水水质标准》（CJ/T 206）的要求。给水系统的水量、水压和排水系统的设置也应符合国家现行标准《建筑给水排水设计规范》（GB 50015）的要求。

住宅燃气应符合《城镇燃气设计规范》（GB 50028）的相关要求，应特别注意的是，除了个别小面积的套型沿用了酒店式公寓的开敞式厨房设计，只能采用电磁灶外，其他应尽量避免。我们知道，公租房的居住者为普通中低收入家庭，平常基本在家中做饭就餐，燃气灶相对好用，费用较电费要低一些，这一点，与酒店式公寓的使用者完全不同。

采暖通风与空调设施

采暖通风与空调系统的设置对于居住的健康至关重要。自然通风可提高居住者的舒适感，有利于健康，同时也有利于缩短夏季空调的运行时间，如中国建筑标准设计研究院等 26 家单位共同编制的《公共租赁住房优秀设计方案》中，一些套型的厨房通风窗开在了公共走廊里，不仅通风不好，而且厨房排出的油烟也会污染公共走廊的环境。

寒冷地区应设置集中采暖系统或分户式采暖系统。为了便于维修和管理，不影响住宅套内空间的使用，采暖供回水的总立管、公共功能的阀门和用于总体调节和检修的部件均应设在公共部位。

另外，电气设备与设施的配置要遵循《住宅设计规范》（GB 50096-2011）的规定，同时还要注重无障碍设施的设置，包括套内无障碍设施、单元公共区域无障碍设施和住区无障碍设施。

总而言之，设计的精细和设施的完善是保障公共租赁住房可持续发展的关键。

目　录

户型的设计与设施（代前言）

沿革杂谈篇

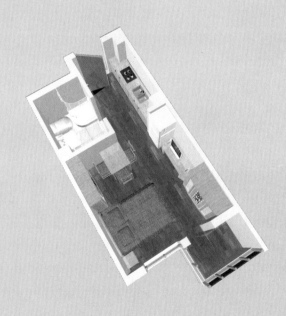

空间的节能

篇前语

住宅建筑节能主要表现在降低采暖和制冷以及采光照明的能耗上，要从建筑设计、围护结构设计、采暖制冷系统和照明系统等方面来考虑。

规整建筑体形，注重自然通风、采光

从降低建筑能耗的角度出发，改造方案中，很多都是简化外墙结构，将建筑体形系数控制在较低的水平上。

在公共部位，足够的通风不仅能提高室内空气质量，还可节省通风设备所占用的空间面积及电能消耗。楼栋的公共空间包括楼梯间、前室、公共走廊等部位，设计成直接采光，可以保证自然通风，但有时为了节约用地、降低结构成本，也需要减少楼体的开槽设窗，保证将有限的面积用于居室。

户内设计中，要保证居室直接对外开窗，避免过大的黑色空间和灰色空间。需要注意的是，通廊式楼栋中，单朝向户型通过公共走廊设置厨房外窗，既污染公共环境，又缺乏私密性，是住宅设计的误区。

加强建筑保温，适当减少窗口面积

公共租赁住房在设计时应重点考虑提高其保温隔热性能，降低能源消耗，减少中低收入居民的采暖费和电费。具体为：朝向的选择重点考虑自然采光、通风；在严寒和寒冷地区楼梯间和外廊采取必要的保温措施；适当减少窗口面积，慎用凸窗和大面积落地窗等。

降低用电负荷，优化照明及冷暖系统

公共租赁住房公共部位的照明应采用高效光源、高效灯具和节电控制开关，做到人走灯灭。住房户内应分室设置温控装置、分户热量计量或分配装置，便于用户根据需要自行调节。在尚未完全实施供热商品化制度之前，新建系统必须考虑为分户热量计量、调控提供可能的预留条件。为保持建筑外立面的美观，提倡统一空调室外机的预留位置。

公租房步入小康时代

一位著名的经济学家曾对住宅作过精辟的概括:"住宅是一种特殊的商品,特殊在哪里? 一是必需性,二是耐用性,三是高值性,四是不动性。"由此可见,住宅像热山芋,好吃,但烫手。

构成住宅核心的商品房,原本是普通的市场经济的产物,但在中国这块土地上,对于吃惯了大锅饭的人们来说,无论从观念上,还是从经济上,都形成了很大的冲击。

由于商品房的高值性,使得众多的中低收入人群的居住需求无法满足,因此,国家在大力发展保障房的基础上,重视其中的公共租赁住房的开发,并推出了标准的户型设计方案,供各地开发部门、设计部门参考。

在我国,福利房搞了60余年,商品房搞了20余年,保障房搞了10余年,公共租赁住房才搞了几年,但却经历了改朝换代式的变化,使住宅从技术上和使用上成为了能够尽快接近世界水平的商品之一。

饥饿时代——制度简单的"夏朝"

公元前2070年,禹接任了舜的职位,禹死后,他的儿子启继承了王位,从而出现了中国历史上的第一个王朝——夏。

从新中国成立到"文革"结束,住房相对紧张,分配制度也很似夏朝的政治组织制度,比较简单,城市居民基本上采用"大一统"式的福利分房方式,只出租,不出售,类似现在的公共租赁住房。

"食寝分离"和"就寝分离"

"二战"时期,日本京都大学的教师西山卯三先生通过对普通居民住宅的调查,提出了就餐与睡眠分开的"食寝分离"和父母与子女分室的"就寝分离"这两条居住最低标准,使之成为了战后集合住宅规划设计的指针。

新中国成立后,人口的迅速增长和经济的相对滞后,使居住的矛盾日益突出,除了一些企事业单位建设了标准的"单元楼"外,更多的是利用有限的资金盖起了不够"食寝分离"和"就寝分离"标准的简易单元楼、筒子楼、平房和大杂院等。其中,除了简易单元楼拥有简单的厨房、卫生间外,其余的基本是共用公共的卫生间和厨房,因此,各家沿墙私盖小厨房甚至卧室的现象屡见不鲜。

这期间的居住状况可以用"功能混杂"这四个字概括,如在卧室中用餐,餐厅兼作学习室,起居室和卧室合一等,比比皆是。之所以造成这种局面,一方面是套型的面积所限,一方面是家具、电器的使用还较落后,再一方面是设计、生活的理念陈旧。

随着冰箱、彩电等家用电器的普及，家庭中小孩的减少，生活要求发生了变化，而以往不够"食寝分离"和"就寝分离"标准以及"功能混杂"的状况，首先被一些住房条件优良的人所改善。

实例1：北京某工厂的宿舍楼

该户型为三室一方厅一卫，70平方米。

通常人们会选择面积最大、朝南、有阳台的房间作起居室用，即使房间数不够，也会将起居活动移到最大的卧室，而很少在方厅内进行起居活动。图中三室均为卧室，家庭内的主要活动均在大卧室，也就是主卧室中进行。早餐在方厅，晚餐则在主卧内的茶几上，或者把折叠圆桌从方厅搬进主卧室内。

这样居住的结果是：动静交叉干扰很大，看电视影响睡眠，床褥直接暴露在客厅。

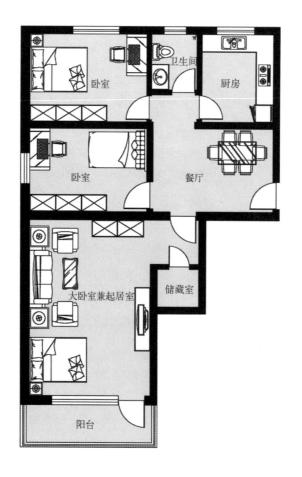

"新三年，旧三年，缝缝补补又三年"

在"福利分房"时代流行着这样一句口号："住房靠国家，分房靠等级。"因为房产大都是公有的，分配则是以职务或职称的高低决定面积的大小。

一些单位隔几年建成标准高一些、面积大一些的新楼，司局长、副司局长搬进去，住"新三年"；他们腾出的旧房分配给处长、副处长，算是"旧三年"；而那些科长、副科长、主任科员、科员等，则只能住剩下的"缝缝补补又三年"的旧房子。这种按照职务或职称高低顺序顶替分配住房的方法，被称为"一列式顶推"。

按照"级别"之差分配住房，是典型的计划经济的产物。

受此影响，住宅的设计、建造也严格按照"级别"进行，司局级——四居室，处级——三居室，科级——两居室等成了普遍的规范，在某种程度上使住宅的发展受到了制约。

这种习惯一直到现在仍然存在，如北京西北部昆玉河旁某项目提前预售了4栋楼，其中的3栋给一家央企公司的老总们住，剩下的1栋归部队高级干部们用。同样的大户型，规划出了不同的结果，老总们喜欢空间的奢侈：60平方米的厅，15平方米的卫生间；而高级干部们则偏爱卧室的数量，250平方米的总面积设计出了七居室。

实例 2：西安地区处级干部居室

西安地区处级干部居住的三居室，建筑面积 70 平方米。

8 平方米左右的方厅有六个门，使用极不方便。尽管如此，卧室的多少仍象征着身份的高低，这是计划经济时代的产物。

这样居住的结果是：必须拿出一间卧室改成起居室，避免卧厅混杂的局面。

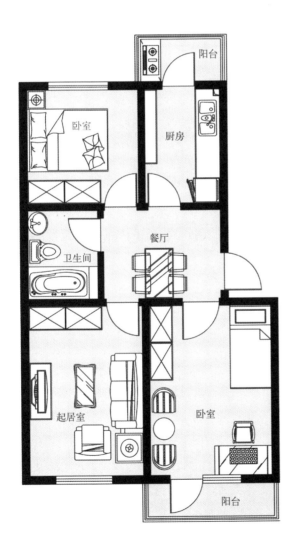

温饱时代——动荡变革的"春秋"

公元前 770 年，周平王迁都现今的洛阳，开始了东周时代，前期为春秋。春秋时代的政治有两个基本特点：一是所谓的霸主政治，二是由集权向分权的逐步转化。

从"文革"结束到改革开放的 20 世纪 80 年代后期，整个国民经济从计划经济向市场经济转变，住宅也同春秋时代一样：一方面，强大的计划经济体制下的"福利房"仍占主导地位；另一方面，1987 年国家率先在山东烟台进行了住房制度的改革，开始逐步向市场经济体制转化，改革的措施是优惠出售公房，逐步提高租金。

"住得下"与"分得开"

在居住水平的低标准阶段，睡眠空间是第一位的，人们只求"住得下"。随着居住水平的不断提高，逐渐朝着"分得开"演变，从"食寝分离"和"就寝分离"进一步向着"功能分离"发展：

一些人尝试着改造阳台，以应付冰箱等厨房设备的增加。他们先是把敞开的阳台封闭，进而改为厨房，而将原先的厨房变成备餐和用餐空间，即所谓中国式 DK 模式空间。

一些人产生了将洗浴、便溺和洗漱等功能空间分隔的想法，在狭小的卫生间中增加了隔断。

还有一些人为了使居室整齐、美观，装修出了储藏室，将原先放置在柜子上的箱子等物品集中存放。

更多的人则在起居室的独立上下足了功夫：拆掉屋墙，增加隔断，打通阳台等，使"分得开"的内容更加丰富。

实例3：上海地区标准二居室

原有的方厅实际上是联系卧室、厨房、卫生间等的内部交通通道，仅起着家庭交通枢纽的作用，相当于过厅。因此，将其打通，形成了一个大的起居室，变成了现代住宅常见的一居室。

因采用了结构梁建筑工艺，所以可以拆除部分非承重墙。该户型中拆除了卧室与方厅的隔墙，拥有了现代住宅"大厅小卧"的雏形。

不足的是，起居室开间偏小，层高只有2.65米，并且缺少落地窗或玻璃阳台门。

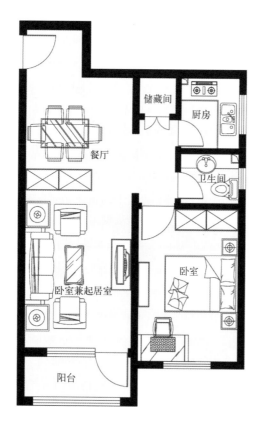

小康时代——繁荣昌盛的"盛唐"

公元618～907年的唐朝，是中国封建社会最为强盛的时期，出现了五谷丰登、百姓安乐的"贞观之治"和国力鼎盛的"开元盛世"。

从20世纪80年代后期至今，住宅开发得到了空前的发展，那时流行着一句话："小康不小康，关键看住房。"由政府设立的中国城市小康住宅合作研究项目，经过了小康水平预测、住宅设计体系研究和住宅产品开发等阶段，逐步确立了发展方向。同时，宽松的政策也给了住宅开发以良好的氛围。近些年，带有福利房色彩的保障房不断进入市场，以解决中低收入人群的生活居住问题，包括从旧城改造、棚户区改造带来的定向安置房，到半市场化的两限房和经济适用房以及带有福利房色彩的公共租赁住房和廉租房。

尤其是2011年"两会"期间，政府宣布未来五年全国要建成3600万套保障房，并且优先发展公共租赁住房和廉租房，使其进入了空前繁荣的"小康时代"。

"小厅大卧"到"大厅小卧"、"双厅小卧"

从小厅大卧向大厅小卧改进，是住宅的根本性转变之一。

以往的"小厅大卧"中的"厅"，仅能用于就餐。人们发现，当厅太小时，大卧室的起居功能反而突出，因此，家庭生活中的许多公共活动被转移到卧室里进行，形成了家庭生活中公私空间不分的不稳定居住形态。

随着住宅条件的改善，人们对厅不再满足于仅能当走道和餐厅，而希望通过扩大面积来适应各项起居生活行为的需求。在餐厅和客厅合一后，大的面积显示出了优雅和气派，为居室增添了光彩。

"单厅"套型存在的缺陷是：用餐时，如遇来客，很不方便；平时，厅内清洁也不易保持。由此，演变出了"双厅"套型，即大客厅和小餐厅，有些甚至将餐厅设置在采光面，形成"明餐厅"。这种"双厅"套型无疑比"单厅"套型增加了舒适度，是住宅进步的标志。

因此，"三大一小"，即大厅、大厨房、大卫生间和小卧室的平面套型模式，受到了人们普遍的欢迎。

实例4：《公共租赁住房优秀设计方案》04-C户型

设计单位：中国建筑标准设计研究院等26家单位

出自中国建筑标准设计研究院等26家单位的方案，设计采用标准户型，便于组成不同形式的楼座，利于住宅产业化。04-C户型二室一厅一卫，建筑面积48.32平方米。

现代人的生活习惯大多以厅为中心，将其作为家庭中的"多功能空间"，把入户、走廊、家人团聚、娱乐和待客等多种活动空间和功能集于一处，以形成"大厅小卧"的格局。同时，采用"双厅"的套型，将餐厅分离出去，使其变得更为稳定和舒适。

04-C户型中的起居室面积原本较大，但因隔出了小卧室，再加上门厅占用了近2平方米的面积，起居室的实际使用面积已经小于主卧室，这也是为满足公共租赁住房三口之家的实际需求。餐厅和客厅虽然各有位置，但因纵向距离有限，还是挤在了一起，同时，通往厨卫和主卧室的交通通道与通往次卧室的交通通道对起居室形成了交叉干扰。好在该户型借用角户型多面采光的优势，在卫生间和起居室增加了窗户，使其通透、明亮，获得了较高的舒适度。

这个户型虽未采用"大厅小卧"的布局，但多隔出一间实用的卧室，保证了公共租赁住房居住者以住为主的实际需要。

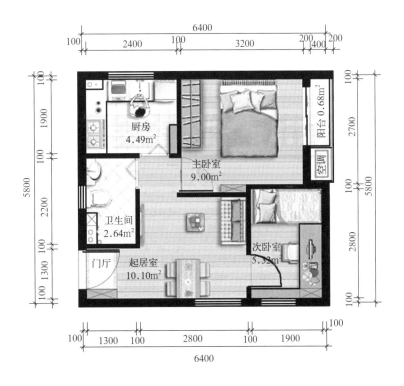

福利房、商品房、保障房和公租房

中国城市的住宅大都是由企事业单位投资建成的公房，然后无偿分配给员工，每月只收取低廉的房租，这叫福利房。

从 20 世纪 70 年代起，一些房地产商开发出了用于市场销售的商品房，被一些企事业单位购买后分配给所属的员工，成为了福利化的商品房。

到了 80 年代后期，住房制度开始改革，原先分配的福利化的商品房以及各式各样的自建公房被折价转卖给了持有者，使福利房向着商品房过渡。

从 90 年代开始，随着"福利分房"制度的终结、城市化进程的展开，定向安置和拆迁补偿类的保障房开始大批进入，繁荣了住宅市场。

20 世纪末期到 21 世纪初期，经济适用房和两限房先后涌入，半市场化的属性使一些高收入人群钻了政策的空子，购买了保障房。

21 世纪 10 年代起，公共租赁住房和廉租房开始成批建设，这类带有福利房色彩的住宅样式丰富了保障房的阵容，"买不起"变为"住得起"。

福利房、公租房与商品房、保障房除了产权归属不同外，更多地体现出设计标准、建造水平、产品材质、物业管理等方面的差异，这是计划经济和市场经济的差异导致的结果。

从 2011 年起，中央大力倡导保障房建设，其中优先发展公共租赁住房，并将其纳入地方政府业绩的考核内容，公共租赁住房进入了"小康时代"。

公租房户型杂谈

2010 年以来，保障房成为了国家住宅建设的热点，成为了考核各地政府政绩的重要指标，因此保障房的建设显得更为紧迫，更为匆忙，尤其是 2012 年，国家把保障房中福利色彩最浓的公共租赁住房和廉租房作为发展重点，使得这类面积最小、造价受限的保障房设计成为了重中之重。

2012 年初，中国建筑标准设计研究院等 26 家建筑设计与研究单位编纂的《公共租赁住房优秀设计方案》和北京市公共租赁住房发展中心编纂的《北京市公共租赁住房标准设计图集》相继出台，为规范公租房建设机制，推动新型建筑材料、节能环保设备以及住宅产业化的全面实施，提高建设质量和效率，提供了有益的思路。应该肯定，这些设计在简化结构和规范标准上下了很大工夫，为产业化的实施打下了基础。但是，也应看到，由于过多地细分空间，缺乏合理的家具布置，使得建筑的使用率和户型空间的利用率都有所降低，进而降低了舒适度。

同时，其他一些单位的公共租赁住房和廉租房设计更是良莠不齐，尤其表现在楼层平面布局和户型上，20 世纪七八十年代老套、落后的户型跃然纸上。

本书中所选用的案例基本都来自于这些设计，在尊重原设计指标的基础上，笔者加以优化改造，目的是抛砖引玉，使公共租赁住房的设计更上一层楼。

公共租赁住房面积虽小，但居住功能和其他保障房户型相比，不应该有太大的差异，理想的要求是：精致地规划面积，巧妙地设计户型，合理地改造布局，其面积的取舍尽量满足既保证功能完善又达到最少浪费，也就是经济而不局促。

实际上，公共租赁住房由于面积有限，若设计不宜，改造起来很困难，因此，比起保障房中的中大户型，更需要精心设计和改造。

公租房的面积

保障房一般分为：定向安置类，包括对接安置房、动迁安置房、旧城保护安置房和棚户区改造房；限价类，包括两限房和经济适用房；租赁类，包括公共租赁住房和廉租房。

面积标准

按照国家规定，结合各地的居住现状，一般来说，廉租房面积控制在 30 ~ 50 平方米，公共租赁住房控制在 40 ~ 60 平方米。其他类型的保障房，如经济适用房可以达到 90 平方米，定向安置房则根据不同情况，大致在 45 ~ 80 平方米范围内，而限价房的市场化程度高一些，面积标准接近于商品房。在套型的面积安排上，通常合体一居为 35 ～ 45 平方米,一居室为 45 ～ 55 平方米,二居室为 60 ～ 70 平方米,三居室为 80 ～ 90 平方米,上下会有 5% ～ 10% 的浮动。

缩小面积与增加功能

这两方面常常是一对矛盾,20 世纪 80 年代以前的户型,因功能相对单一,居室可以做得小巧些,如一居室 40 平方米,二居室 60 平方米,而三居室也就才 70 平方米,这些户型中大多是只有过厅,没有客厅,实际上是少了一个主要功能空间,也就是少了一间房。现在,随着"动静分区"、"洁污分离"、"干湿分开"、"主客分卫"、"中西分厨"等标志生活品质和习惯的样式以及储藏间、衣帽间、休闲阳台、家政阳台、门厅等空间的设置逐渐地渗透到各种户型中,居住的舒适度较之从前大为提高,但面积也相应地加大。

公共租赁住房受到户型面积限制、楼层中户数较多、使用率偏低等影响,各类分区的样式及功能空间的设置应首先服从于居室面积的需要,也就是说,在起居室、卧室以及厨卫面积达标的基础上,再适时加以考虑。为了更好地在有限的空间中容纳人们无限的需求,兼容方方面面,功能复合化、空间模糊化等是住宅发展的重要趋势。

使用率尤其重要

使用率的大小也是一个不容忽视的问题。目前,绝大多数楼盘在户型面积上提供两个数据,即建筑面积和套内建筑面积,前者为销售时的计价面积,而后者为户型所占用的面积。使用率的计算是套内建筑面积除以建筑面积得出的百分比,一般标准户型在塔楼中为 77% ～ 82%,在板楼中为 80% ～ 85%,南方地区同比还能提高5%。公租房集中的楼层,在使用同样的交通核时,户均公摊比率提高,公摊加大,实际上要降

改前

低 5% ～ 10%。在以中、大户型为主的楼栋中，标准层设计户数不宜低于 4 户，以合体一居、一居室为主的楼栋，标准层设计不宜低于 6 户。

实例 1：北京市昌平区北七家镇公租房

原设计单位：北京市建筑设计研究院

位于北京市昌平区北七家镇海鹍落村，一期建设西侧地块南部两个组团。该住宅为双连体板塔楼，每个单元 1 梯 3 户，对接成 "U" 形结构，其中 C、D 户型为塔楼结构，B 户型为板楼结构，电梯和楼梯布置在楼座凹面内，两面采光，比较明亮。D 户型厨房和书房形成凹槽采光，有遮挡。

D 户型三室二厅一卫，建筑面积 83.44 平方米，虽然两面采光，但厨房和书房处在凹槽处，有遮挡，并且餐厅周围有交通通道环绕，面积占用过多。B 户型二室一厅一卫，建筑面积 62.23 平方米，餐厅和客厅挤在一起，并且堵着

通道，使用不便。C 户型一室二厅一卫，建筑面积 54.09 平方米，卧室朝北开窗，未能充分利用东西向采光，同时，北外墙与公共步行楼梯有小折角，可以改进。

改造重点：取直北外墙，楼体总进深缩小 0.6 米；去掉所有户型的空调设备楼板，将阳台设置在客厅处；东西楼体凹槽收缩 1 米。

D 户型调整卫生间位置和比例，扩大书房，缩小厨房，规矩起居室，使交通动线更为紧凑。

B 户型上移卫生间，扩大主卧，缩小次卧，分离餐厅和客厅。

C 户型总进深减少 0.6 米，取直北外墙，对调起居室和厨卫的位置，增加卫生间开窗，卧室改成东西向开窗。

改造后，户型面积缩小，空间更为合理、紧凑，去掉空调设备楼板，采光增强的同时，外立面也简洁、大方。

公租房户型的分类

公共租赁住房以小户型为主：狭义上一般为一居室，按户型样式分为合体一居和分体一居；广义上可以是精巧的一、二居，甚至是准三居。

合体一居要注意规避电磁炉灶

中国建筑标准设计研究院等26家单位共同编纂的《公共租赁住房优秀设计方案汇编》中的公共租赁住房设计，虽然有些套型的厨房通风在公共走廊里解决，但基本采用燃气灶，这是符合居住者的基本使用要求的。但在征求意见稿的03-D户型中，因面积不足34平方米，厨房沿用了酒店式公寓的开敞式设计，采用了电磁灶，这是非常大的缺陷。我们知道，公租房的居住者为普通中低收入家庭，平常基本在家中就餐，燃气灶相对好用，燃气费用较电费要低一些。同时，开放的厨房也不适合炒菜做饭，这一点，与酒店式公寓的使用者完全不同。

实例2：《公共租赁住房优秀设计方案》征求意见稿，03-D户型

原设计单位：中国建筑标准设计研究院等26家单位

该户型处在电梯管井旁，呈"刀把"形。33.79平方米的合体一居，采用开放式厨房设计，虽充分利用了门厅和交通通道，但污染居室，并且只能使用电磁灶。仅配备单人床，并且缺少餐桌和会客沙发。

改造重点：将厨房独立设置在原卧区内，直接通风，便于燃气灶的使用，同时纳入冰箱。卫生间取方，内侧合理放置洁具，外侧安放洗衣机。门厅内增加沙发、餐桌。

这样一来，厨房独立，可用燃气灶，并免除油烟干扰，并且符合《住宅设计规范》(GB50096-2011)中"兼起居的卧室、厨房和卫生间等组成的住宅最小套型的厨房使用面积，不应小于3.5平方米"的规范。床也扩大成双人的，增加的家具可以满足小家庭的正常使用。

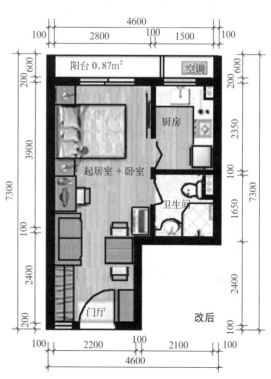

标准一居是居家过日子的必然选择

标准的一居室是一室一厅，不管是过去的室大厅小，还是现在的室小厅大，睡觉、起居或就餐都是分在不同的带有采光面的空间里。随着面积的缩小，市场上出现了将卧室和起居室合二为一的"合体一居"，俗称"大开间"。这种户型的特点是：厨卫等基本生活设施仍然具备；除厨卫外，只拥有一个窗户或阳台的采光面（如果有两个以上的采光面，就容易分割成两个居住空间，成了名副其实的一室一厅）。但是，从生活长期使用的角度看，一室一厅且厨房带采光窗户的标准一居室，才能够真正满足人居的需要。

精巧二居是保证正常居住的基本户型

实际上，对于一个家庭来说，二居室能够可持续发展，即便是带着老人，也能够分居，保证基本的私密性。

那么，对于精巧两居而言，究竟"小"到什么程度才算合适？

一般来说，起居室在 10 平方米以上，可以摆放三人沙发、三人餐桌等，而在 8 平方米以下，就只能摆放简易沙发和两人小餐桌。

双人卧室 9 平方米，可以摆放标准双人床、衣柜、床头柜或小书桌；单人卧室 5 平方米，能满足"卧"的基本需要。

卫生间 3～4 平方米、厨房 4～5 平方米就能使用，当然，如果宽大一点，可以放进洗衣机、冰箱等物。通常，卫生间内设置淋浴器、洗手盆和坐便器；厨房内设置洗涤槽、燃气灶、操作台和吊柜。

厨房面积不应小于 4 平方米，低于这个数值，室内热量聚集就会过大，按照规范，单排橱柜净宽不小于 1.5 米，双排橱柜净宽不小于 1.9 米，并且橱柜总长不小于 2.1 米，但由于公共租赁住房面积有限，可以适当缩小 10%。

至于阳台、门厅等功能空间，在保证主要居室面积的前提下增设，会使居室的品质有所提高，但对于寸土寸金的公共租赁住房来说，避免过细的分区，可以保证空间的相互借用，获得尽可能大的空间感受。

公租房的设计缺憾

从技术层面讲

房型合理性变差。

在空间设计和取舍上，公租房受总面积的限制，各功能空间容易相互影响，并且户型也比较单一，如面宽较窄、进深较大的直套型一居室，往往客厅灰暗，卧室却过于明亮，使生活需求倒置。

在采光和通风上，由于楼体必须保证一定的面宽和进深，相对多的公共租赁住房安排在同一楼层时，不大容易统筹兼顾。

在楼层平面布局上，更是明显带有传统的长走廊、户挨户的"筒子楼"的痕迹。同时，由于大部分公共租赁住房混居楼中的小户型全部朝北设计，在北方地区，对居住健康或多或少会产生不利的影响。

房间使用率降低。

从建筑面积上说，由于同一楼层户数增多，造成楼道面积加大，使得原本总面积不大的公租房对公摊变得十分敏感。

从使用率上说，户内各种管道、墙体占用的面积，在大户型中不会产生太多影响，但在寸土寸金的小户型中，却显得非常抢眼。

从生活氛围讲

居住人群繁杂。

一般来说，超小公共租赁住房聚集的楼盘中年轻人会多一些，虽然会给社区带来活力，但也会增加不安定的因素，每层十几户至几十户，使进进出出的人流加大，多少会对邻居产生干扰。

公共租赁住房有些为过渡型住宅，年轻的居住者随着经济和家庭成员的变化，换租或购买更大一些的保障房，而将手中的公共租赁住房腾退，这些都会使邻居走马灯似的更迭不断。

住户识别变难。

由于公租房设计相对密集，一层十几户至几十户，呈鱼骨状、放射状和环状，导致对各家各户的识别变难。走入楼道，往往使人失去方位，不辨南北，只能依靠门牌号码。

上下交通不便。

电梯服务户数达到 90 ～ 120 户／梯，使得乘电梯变得相对困难，即便每户只有 2 人居住，每天数百人次的上下进出，其拥挤及等候状况可想而知。

安全系数降低。

迷宫似的楼道，对于外人闯入住户难以察觉，给不法分子留下了可乘之机。

一旦出现火灾、地震等，交通疏散能力难以满足大量人群的逃生要求；住户的经常变化，使得已经不太稳定的邻居关系变得更加动荡，公共安全明显逊色于其他类型的保障房。

设施损耗增加。

由于社区户型密集度加大，单位面积人员增多，同时，拥有只租不售的住宅方式，使各种设施的使用频率和爱护程度，较之拥有个人产权的保障房来说，要多许多和差许多，使得损耗大幅增加。

实例 3：北京东直门外小关 56 号

原设计单位：北京都林国际工程设计咨询有限公司

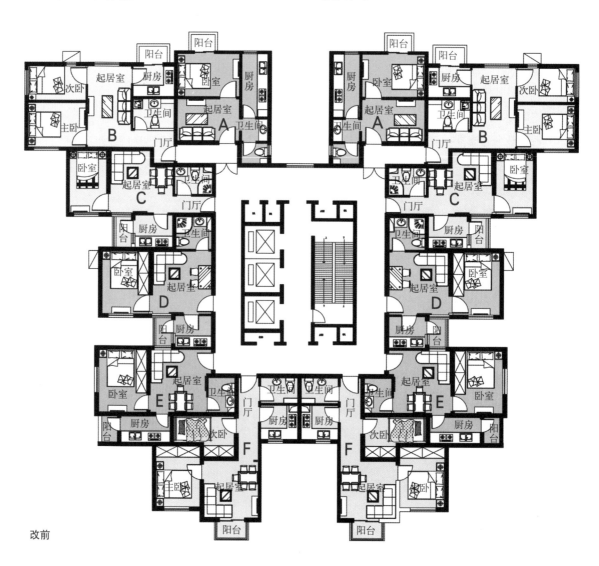

位于北京市朝阳区东直门外。该楼为3梯12户塔楼，每层4套二居室，8套一居室。

A户型，起居室无采光窗，实际为大开间的零居室。B户型，起居室开间偏窄，厨房门设计在里侧，有交叉干扰，门厅小拐角，有些浪费。C户型，起居室呈"刀把"形，不好用，主卧室开间小。D户型，主卧室窗户朝向楼体开槽，采光、观景受阻。E户型，起居室三面有门，难以放置家具，窗户在D户型阳台上，无隐私。F户型，次卧室为黑居室，实际只能算作一居室。

改造重点：将楼体南北开槽收窄，东西开槽变浅。A户型，将楼体开槽向里收，增大户型总开间，起居室位于采光面，形成一室一厅。B户型，卫生间设置在原C户型卫生间处，厨房变狭长，开门朝下，减少对起居室的干扰，同时增

大起居开间，为缩小户型面积，将卧室的外墙往里收缩，使格局变得方正一些。C户型，起居室变方正，缩小开间并加大进深，为缩小户型面积，将主卧室外墙向里收缩。D户型，改开窗户朝向东、西侧。E户型，厨房和卫生间调整到户型上端，主卧门也移至上端，保证起居空间有稳定的三面墙，并开采光窗，同时，主卧窗开向南侧。大门与卫生间门有些相碰，主要是为了留出餐桌的位置。F户型，将南墙取齐，设置采光次卧室，起居室侧面开设采光窗，为避免互视，增设厨房阳台。E、F户型的大门增加一段楼道，减少户内交通，公摊不大。

改造后，采光、通风指数大幅提高，互视减少，同时各居室的面积和尺寸比例也更为合理。

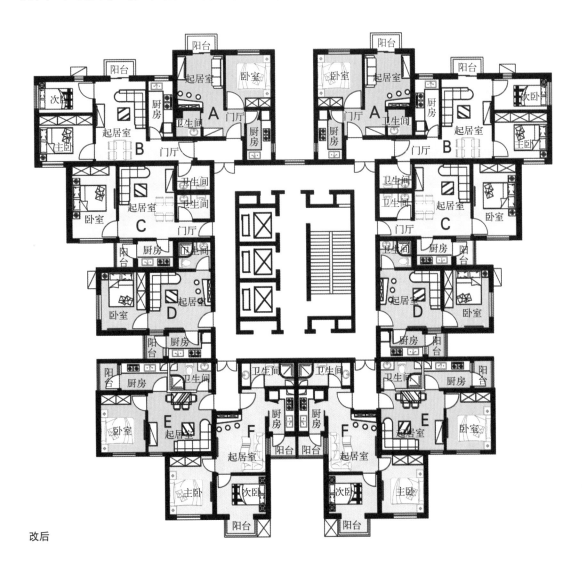

改后

公租房的改造要点

面积配比要合理

对于面积局促的公租房来说，面积上应以符合人体工程学的基本空间尺度为限，比如使用面积：客厅不应小于 10 平方米，双人卧室不应小于 9 平方米，单人卧室不应小于 5 平方米，在合体一居中，卧区和客区的部分不应小于 15 平方米，而服务性的卫生间不应小于 3 平方米，厨房不应小于 4 平方米。当然，若能增加阳台、洗衣机、冰箱的专用放置空间，会使舒适度大为提高。因此，各功能空间的面积、尺度的恰当与否，是公租房品质高低的关键。

实例 4：《公共租赁住房优秀设计方案》04-A 户型

原设计单位：中国建筑标准设计研究院等26 家单位

26 家单位的设计理念符合住宅产业化的发展方向，但标准化的制定要依托模数化。方案中多数尺寸非模数，比如 04-A 户型的 4 米×6.4 米，不如设计为 4.2 米×6 米，保持现在通用的 3M

模数化，这样，面积相差无几，但开间增加了 2 米，便于 1/2 3M 的 1.65 米的厨房和 2.55 米的卧室的开间划分，形成床平行于窗户的正确摆放。进深缩短后，也利于厨房和卫生间的纵向排列。

双人床靠墙放置，只能从一边上，成为了"炕"，缺乏人性化，并且床尾朝向窗户，不符合生理习惯。2.1 平方米的门厅设置，占用过多的面积，空间利用率偏低。

改造重点：增加开间，缩小进深，这样，户型面积反而减少了 0.4 平方米。卫生间和厨房纵向排列，中间放置洗手台。居室设置成直套型，充分借用空间。

卫生间调整到厨房上端，扩大开间至与厨房相同，缩小进深呈干湿分离，里间纳入洗衣机。厨房增加进深，纳入冰箱，使面积大于 4 平方米。隔出独立卧室，横向设置双人床并纳入衣柜。起居部分设置三人沙发和餐桌，借用门厅面积。

改造后，各空间格局方正，同时，厨卫的纵向排列较之原来的对角线排列，更易于管线和风道的布局，同时厨房面积也符合规范。

公共设施要完善

既要考虑社区内的各种设施配套，因为公共租赁住房空间不足所带来的生活缺憾需要从社区中弥补，如洗衣房、快餐厅等，同时也要考虑交通、商业，甚至商务配套。另外，电梯的配比也很重要，对于 1 梯 6 户和 3 梯 18 户而言，虽然电梯平均户数一样，但两者各有优劣：前者公共面积减少，提高了建筑使用率，而且安宁和安全也有了保障；后者虽然建筑使用率降低，但电梯的利用率却大大提高，调配等候的时间相应地缩短。

卫生间 2.64m²　卧厅 2.10m²
起居室＋卧室 14.08m²
厨房 3.68m²
空调　阳台 0.68m²　改前

卫生间
起居区
卧室
厨房
空调　阳台 0.68m²　改后

采光、通风要良好

现有的公共租赁住房多数为一个采光面，通风、采光都受到了一定的限制，因此，在面积有限的情况下，尽可能选择采光面宽一些、采光窗大一些的套型，以增强居室的自然生态性能。

实例5：北京市东外小关56号F/A户型

原设计单位：北京都林国际工程设计咨询有限公司

二室一厅一卫的F户型，为塔楼部分的南向户型，但由于次卧为黑居室，尽管设计单位将其定位为二居室，实际只能算作一居。户型交通动线占用面积偏多，大门内狭长的走廊无法放置任何家具，同时起居室的餐厅部分也很局促，而小

黑卧室为"刀把"形，只能等同于储藏间。

改造重点：将南墙取齐，设置采光次卧，起居室侧面开设采光窗朝向厨房，为避免互视，增设厨房阳台。E、F户型大门外增加一段楼道，减少户内交通。次卧采光后成为了名副其实的两居室。

一室一卫的A户型，为塔楼部分的全北户型，卫生间在楼体开槽内开窗，形成明卫，但起居室为全暗空间，户型实际为大开间一居室。客厅部分占据了起居空间的全部，没有餐厅的位置。卫生间采用干湿分离，但里间过小，无法设置淋浴。

改造重点：户型右墙右移，楼体开槽向里收，扩大户型总开间。起居室位于采光面，形成一室一厅。厨房调整到原卫生间处，卫生间设置在里侧。缩小卧室开间。起居室拥有了采光面，舒适度大大提高。

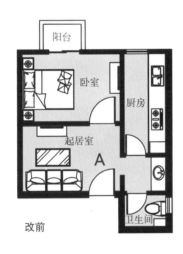

改前

改后

改前

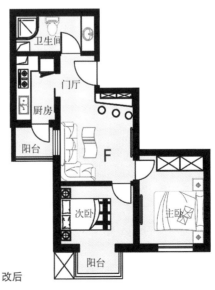

改后

廉租实验篇

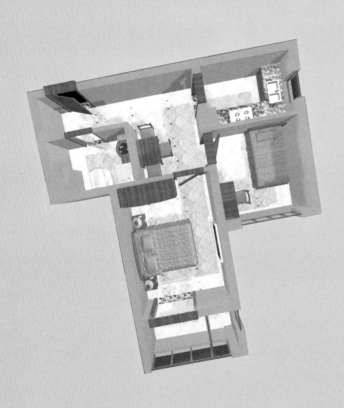

空间的收纳

篇前语

公共租赁住房户型面积较小，收纳空间显得尤其重要。足够的收纳空间有利于室内的整洁，间接地放大空间的使用面积，提高居住的舒适感。因此，设计时需要考虑：

门厅收纳

户门入口处留出一定的空间，可设置衣柜、鞋柜。除此之外，还可以部分占用集中管线区，设计出半组衣柜；占用卫生间淋浴间的进深部分，设计出整组衣柜；结合厨房冰箱间或者卫生间洗衣间，进行内置冰箱和洗衣机、外置衣柜的凹凸墙面设计。

厨卫收纳

结合厨房的布置方式，设计标准化的地柜、吊柜，同时，在开间允许的情况下，还可根据白色小家电的需要，设计 30 厘米左右的窄地柜，尽量保证众多厨房电器与用品的容纳，最大限度地提高空间利用率。

卫生间结合洗手台设计台盆上吊柜，台盆下地柜，仅仅几平方米，要放下各种洗漱用品，如果没有有效的收纳方法，难免会显得杂乱无章。

卧室收纳

卧室一般都要设置收纳柜，包括衣柜、床头柜、书桌等，一般沿墙摆放。公共租赁住房通常不会单独设置书房，仅有的书桌可能又无法满足日常的办公需求，墙上挂些简单却实用的隔板，放置书籍和纸张，即使生活在小空间里，一样能享受阅读时光。

客厅收纳

客厅是家居生活的公共地带，一般都要设置酒柜、电视柜、工艺柜和书柜等，选择组合家具，可以有效地利用电视柜空间，让杂物有序整齐地排列，保持客厅整洁的形象。

另外，结合装修，在门厅和厨卫入口等部位设置顶柜，充分利用过渡空间可以矮一些的特点，既先抑后扬地使空间富于变化，又能增加实用的收纳柜。

廉租房

廉租房是指政府以租金补贴或实物配租的方式，向符合城镇居民最低生活保障标准且住房困难的家庭提供租金相对低廉的普通住房。

过渡与临时

廉租房保障政策为有住房困难的最低收入家庭提供过渡性住房，分配到廉租房或获得租赁补贴不是永久性的，一旦低收入家庭生活条件有所改善，就要通过退出机制腾退廉租房或停止发放补贴，把住房优惠让给其他需要帮助的家庭。如北京市规定居民申请廉租房标准：城六区为家庭人均月收入低于 960 元，远郊区县为家庭人均月收入低于 731 元。

廉租房在使用上具有一定的临时性，在规划设计过程中，应充分考虑低收入家庭的经济承受能力，节约建材及施工、安装费用，以解决住房困难为前提，同时还要兼顾安全适用。

紧凑与配建

廉租房面积应坚持"小套型"原则，具备单独的厨房、卫生间等基本生活设施，做到"麻雀虽小，五脏俱全"。按照国家规定，廉租房面积限定在人均住房建筑面积 13 平方米左右、套型建筑面积 50 平方米以内，并根据城市低收入住房困难家庭的居住需要，合理地确定套型结构。当然，有些地方除了严格控制套型建筑面积外，还在廉租房中推行性能认定制度，按照《住宅性能评定技术标准》(GB/T 50362—2005)进行建设，以提高住宅的综合性能水平，体现国家倡导的节能、节地、节水、节材和环保的理念，提高工程质量，争取多数新建廉租房达到 1A 级住宅水平，并且全装修交房。

廉租房由于套型小、数量少，主要在经济适用房和普通商品房小区中配建，并在用地规划和土地出让条件中明确规定建成后由政府收回或回购。如杭州市规定：廉租房以分散建设为主，在住宅区中所占比例低于 10%，一般不超过 300 户。青海省则规定除了配建外，也可以适当集中建设。

北京海淀区吴家场保障性住宅

J2-4 户型

廉租房

环境氛围：位于北京市海淀区西三环莲花小区西侧，占地 1.68 公顷，总建筑面积 12.11 万平方米，由 5 栋 27 层经济适用房、1 栋 28 层廉租房等组成。

建设单位：北京市威凯房地产开发经营公司

设计单位：方体空间和北京市建筑工程设计公司

户型分析：该楼为廉租房，3 梯 12 户，每层 6 套两居室，1 套一居室，5 套零居室。楼体采用直套型设计，一侧为明窗长走廊，另一侧开了两个槽，以解决 4 户居室的通风、采光。J2-4 户型为二室二厅一卫，两面采光。

功能布局：两个卧室集中在南侧，起居室在中部，厨房在右上部，都东向采光。存在的问题是：门厅在左侧，与主卧之间的交通动线占用了起居空间，使到达厨房和次卧的动线加长，并且出入都会干扰客厅区；同时，厨房反向设置橱具，操作时是背光的；卫生间洗手盆应在坐便器的外侧，便于使用；餐厅位置局促，易遮挡次卧门。

改造重点：调整大门和卫生间；改开主卧门；改开厨房门并调整橱柜。

首先，将卫生间调整到左侧，大门设置在户型中部，使到达各空间的动线最便捷。当然，这个调整是基于走廊留有移门的空间。

其次，将主卧门右移到次卧旁，集中交通动线的同时，保证客厅有稳定的双平行线，放置电视和沙发，并且不被干扰。

再次，将厨房门封上，改开在门厅处，充分利用公共的交通空间出入，橱柜靠窗排放并呈"L"形，获取最大的采光和操作台面。外侧稳定的 90°夹角放置餐桌，减少对卧室的干扰。

最后，卫生间的洗手盆和坐便器对调。

改造后，集中的中部动线解决了所有功能空间的出入问题，科学地划分出了客厅和餐厅并保持其稳定，将交叉干扰降到最低。

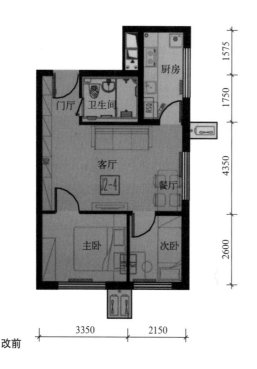

改前

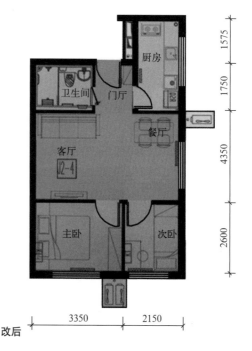

改后

北京海淀区吴家场保障性住宅
J2-4 户型

廉租房

改前

改后

橱柜靠窗排放并呈 "L" 形, 获取最大的采光和操作台面。

封上原厨房门, 改开在门厅处, 充分利用公共的交通空间出入。

大门设置在户型中部, 使到达各空间的动线最便捷。

外侧稳定的夹角放置餐桌, 减少对卧室的干扰。

卫生间的洗手盆和坐便器对调。

卫生间调整到左侧。

主卧门右移到次卧旁。

客厅有稳定的双平行线, 放置电视和沙发, 并且不被干扰。

北京昌平新城 5-1 街区沙阳路南南一村地块北区
B2 户型

廉租房

环境氛围：位于北京市昌平区沙河南一村，东临京包铁路和八达岭高速公路，南挨规划道路，西靠高压线走廊，北接沙阳路。项目建设用地4.44公顷，建筑以高层住宅为主，主要为经济适用房，包括部分廉租房。

建设单位：北京金成华房地产开发有限公司

原设计单位：北京龙安华诚建筑设计有限公司

户型分析：合体一居的 B2 户型，为塔楼的东西户型，单面采光，为标准的大开间设计。

功能布局：卫生间纵向设置，门朝向门厅，使得门厅面积无法被充分利用。北向阳台基本为全封闭，应该考虑将洗衣机纳入，以充分利用空间。

改造重点：调整卫生间尺度，与厨房横向排列；上移大门，门厅增加沙发和衣柜；阳台内设置洗衣机。

首先，上移卫生间下墙，与厨房下墙取齐。

其次，左移卫生间左墙，重新布置洁具，门开向厨房。

再次，左移厨房右墙，门外放置冰箱。

最后，阳台内设置洗衣机。

公租房要充分利用阳台和门厅。

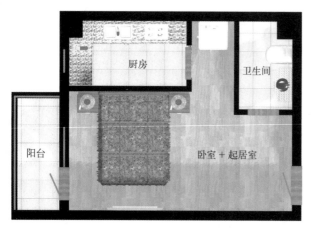

改前

改后

北京昌平新城 5-1 街区沙阳路南南一村地块北区
B2 户型

廉租房

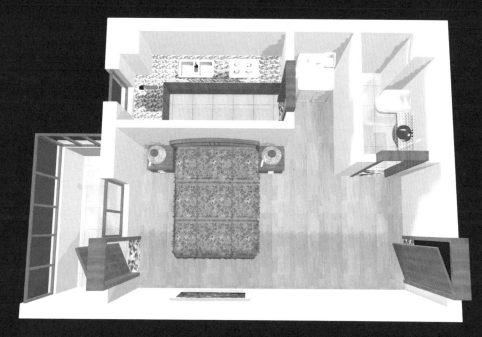

改前

- 左移厨房右墙，门外放置冰箱。
- 左移卫生间左墙，门开向厨房。
- 重新布置洁具，增加淋浴间。
- 卫生间下墙与厨房下墙取齐。
- 阳台内设置洗衣机。

改后

北京昌平新城 5-1 街区沙阳路南南一村地块北区
C1 户型

户型分析:二室一厅一卫的 C1 户型,为塔楼的东南和西南户型,两面采光。户型外部格局方正,内部分割不够合理。

功能布局:两个卧室纵向排列,尺度恰到好处,客厅部分稳定的双平行墙面,便于布置沙发。问题是缺少放置餐桌的位置。

改造重点:改开卫生间门,调整洁具;厨房设置"L"形橱柜。

首先,卫生间门改开在门厅处,并调整洁具。

其次,厨房设置"L"形橱柜,洗涤槽设置在窗户处。

再次,洗衣机放置在冰箱旁。

最后,餐桌设置在卫生间墙外。

改变交通动线,使餐桌拥有稳定的区域。

改前

改后

26

北京昌平新城 5-1 街区沙阳路南南一村地块北区 C1 户型

廉租房

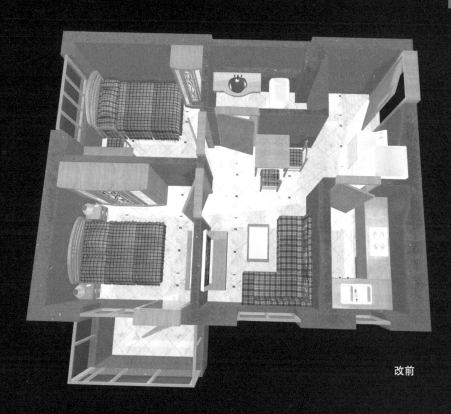

改前

- 卫生间门改开在门厅处，并调整洁具。
- 洗衣机放置在冰箱旁。
- 餐桌设置在卫生间墙外。
- 厨房设置"L"形橱柜，洗涤槽设置在窗户处。

改后

北京苹果园交通枢纽 H 地块
丙单元楼层改前

廉租房

环境氛围：位于北京市石景山区。方案兼顾用地东侧街头公园的景观因素，规划建筑沿苹果园南路呈"L"形布置，围合出建筑内侧相对宽敞的社区活动空间。

建设单位：北京市石景山区住房和城乡建设委员会

原设计单位：北京华茂中天建筑设计有限公司

楼层分析：该住宅地上 20 层，为"L"形板塔楼，由基本为东西朝向的丙单元和基本为南北朝向的甲／乙单元组成，丙单元 2 梯 6 户，其中，J、K、J 反、K 反户型为塔楼结构，H 和 H 反户型为板楼结构。楼面总体比较平衡，但凹凸起伏过大，结构墙有些凌乱。尤其是 K 和 K 反户型，餐厅直接对视，应考虑左移至空调挡板位置。另外，所有起居室面积偏小，仅能用作餐厅，相当于 20 世纪七八十年代的只有过厅的住宅设计。

功能布局：J 和 J 反户型二室一厅一卫，两个卧室尺度适宜，但大门与卫生间门相碰。K 和 K 反户型二室一厅一卫，虽然餐厅部分有采光窗，但与邻居直接对视。H 和 H 反户型二室一厅一卫，主卧室面积偏大，而餐厅和门厅部分却相对狭小。

改前

北京苹果园交通枢纽H地块
丙单元楼层改后

廉租房

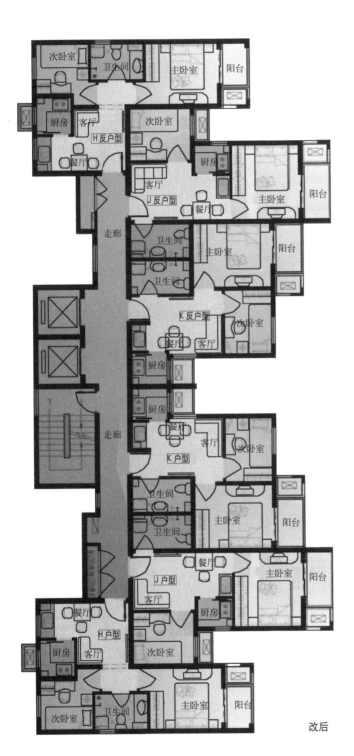

改后

改造重点:左移H和H反户型，左侧结构墙与楼梯取齐，右侧结构墙适当收缩。

J和J反户型，缩小次卧室，反转门，扩大餐厅，用做起居室。主卧室左墙左移，保证能平行于床设置衣柜。厨房改成中西分厨，分出餐厅和客厅。

K和K反户型，右移次卧室左墙。厨房改成中西分厨，扩大起居室。

H和H反户型，整体左移，起居室开间加大。缩小次卧室，扩大厨房，并改成中西分厨。

所有户型改造的核心就是扩大起居室，使其在餐厅的基础上融入客厅，满足家庭的需要。

北京苹果园交通枢纽 H 地块

J 反户型

廉租房

户型分析：二室一厅一卫的 J 和 J 反户型，为塔楼部分的全东户型，基本为单面采光，厨房和小卧室利用楼体开槽开窗。

功能布局：主要问题是起居室过小，仅能放置餐桌。厨房和次卧室尺度适宜，主卧室进深稍窄，平行于床放置衣柜显得局促。

改造重点：扩大起居室和主卧室；改造厨房。

首先，将次卧室下墙上移，门改开在右下方。

其次，左移主卧室左墙，使衣柜的放置有余地。

最后，厨房进行中西分厨，便于起居室内分出就餐区域。

起居室是现代家庭的主要的空间，一定要保证基本的面积。

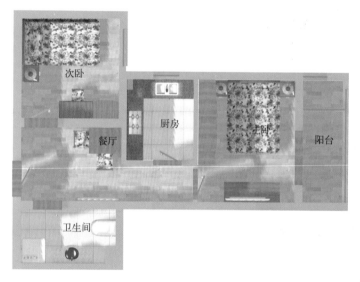

改前

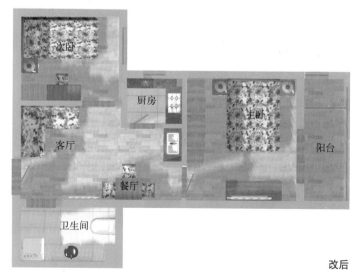

改后

北京苹果园交通枢纽 H 地块
J 反户型

廉租房

改前

改后

● 次卧室下墙上移，门改开在右下方。

● 左移主卧室左墙，使衣柜的放置有余地。

● 厨房进行中西分厨，便于起居室内分出就餐区域。

北京苹果园交通枢纽 H 地块
K 反户型

廉租房

户型分析：二室一厅一卫的 K 和 K 反户型，为塔楼部分的全东户型，基本为单面采光，厨房和餐厅利用楼体开槽开窗。

功能布局：问题是起居室过小，仅能放置餐桌，并且与邻居对视。卫生间因放进洗衣机而使得空间有些局促，淋浴与坐便器过挤，设计时应该统一考虑将洗衣机放在阳台。

改造重点：扩大起居室和左移窗户；改造厨房。

首先，将次卧室左墙右移，床平行于窗户放置。

其次，左移餐厅窗户，藏在空调隔墙后面，避免互视。

最后，厨房进行中西分厨，便于起居室内分出就餐区域。

起居室是主要的空间，一定要避免互视。

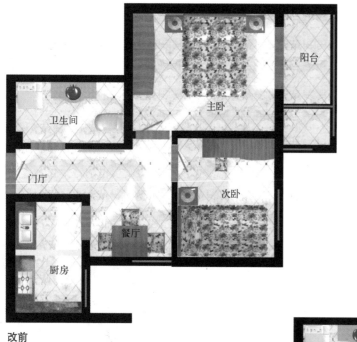

改前

改后

北京苹果园交通枢纽 H 地块
K 反户型

廉租房

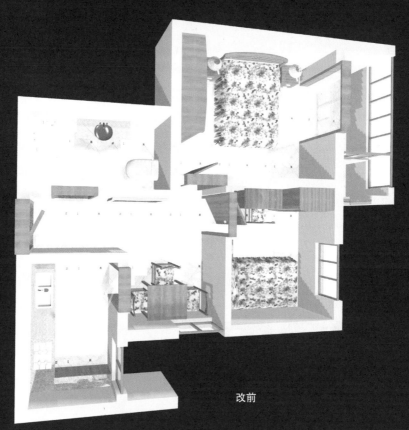

改前

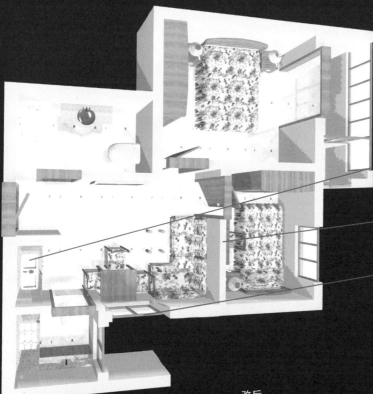

- 厨房进行中西分厨，便于起居室内分出就餐区域。
- 次卧室左墙右移，床平行于窗户放置。
- 左移起居室户，藏在空调隔墙后面，避免对视。

改后

北京苹果园交通枢纽H地块
H反户型

廉租房

户型分析：二室一厅一卫的H和H反户型，为板楼部分的东西户型，H户型与丁单元连接，为两面采光，H反户型处于楼体边端，卫生间获得了第三面采光的窗户。

功能布局：问题还是起居室过小，仅能放置餐桌。左移户型的目的，一方面是将左外墙与楼梯外墙取齐，另一方面是扩大起居室开间。因扩大了起居室面积，主卧室的进深适当缩小，保持户型整体面积不变。

改造重点：扩大起居室开间；改造厨房；缩小主卧室进深。

首先，将户型西外墙左移，与楼梯外墙取齐。

其次，左移主卧室东墙和阳台。

最后，上移厨房上墙，进行中西分厨，便于起居室内分出会客区域。

取直外墙，对于简化结构有一定的意义。

改前

改后

北京苹果园交通枢纽 H 地块
H 反户型

廉租房

改前

- 户型左外墙左移，与楼梯外墙取齐。
- 上移厨房上墙，进行中西分厨。
- 起居室内分出就餐区域。
- 左移主卧室右墙和阳台。

改后

北京苹果园交通枢纽 H 地块
甲／乙单元楼层改前

廉租房

楼层分析：该住宅地上 20 层，为 "L" 形板塔楼，由基本为东西朝向的丙单元和基本为南北朝向的甲／乙单元组成。甲／乙单元为对称布局，每单元 2 梯 7 户，其中 B、C、D、E、F 户型为塔楼结构，A、G 户型为板楼结构。楼面总体比较平衡，但楼体的开槽过深。

功能布局：A 户型二室一厅一卫，横向展开，起居室过于局促，并且与卫生间隔路分离。B 户型一室一厅一卫，起居室局促并与邻居互视。C、D、F、G 户型二室一卫，过厅只相当于交通通道。E 户型二室一厅一卫，但起居室过于局促，并且与邻居厨房互视。

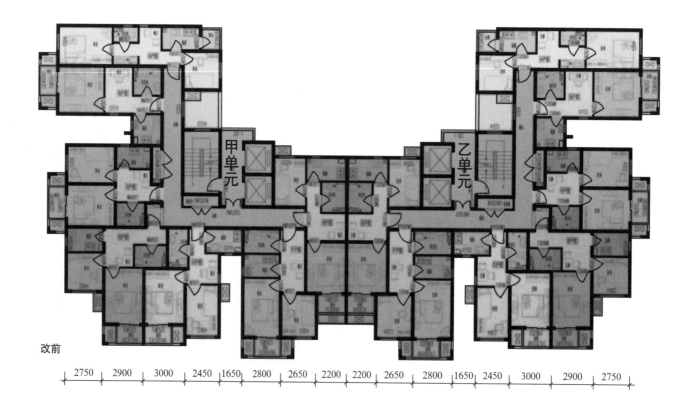

改前

| 2750 | 2900 | 3000 | 2450 | 1650 | 2800 | 2650 | 2200 | 2200 | 2650 | 2800 | 1650 | 2450 | 3000 | 2900 | 2750 |

北京苹果园交通枢纽H地块
甲／乙单元楼层改后

廉租房

　　改造重点：下移 A、B 户型下墙，缩小开槽口。上移电梯，取直楼体中间结构墙，并调整管井。缩短开槽进深。

　　A 户型，卧室扩大开间、缩小进深，合并卫生间，扩大起居室。

　　B 户型，对调卫生间和起居室，便于借用门厅面积。

　　C 户型，缩小两个卧室的进深，同时去掉外侧公共管井，目的是扩大起居室。

　　D 户型，缩小卧室并调整卫生间，便于扩大起居室。

　　E 户型，偏转厨房，压缩小卧室，扩大起居室，并与邻居窗户错开。

　　F 户型，对调两个卧室，调整厨卫，加宽起居室。

　　G 户型，对调小卧室和厨卫，上移大卧室，使楼体中部保持一面整齐的结构墙。

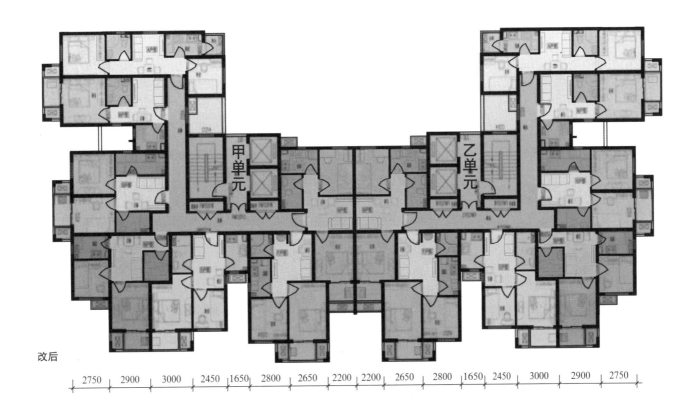

改后

甲单元　乙单元

| 2750 | 2900 | 3000 | 2450 | 1650 | 2800 | 2650 | 2200 | 2200 | 2650 | 2800 | 1650 | 2450 | 3000 | 2900 | 2750 |

北京苹果园交通枢纽 H 地块
A 户型

廉租房

户型分析：二室一厅一卫的 A 户型，为板楼部分的东北和西北户型，甲单元三面采光，明卫明厅，乙单元与丙单元连接，只能东、西两面采光。

功能布局：主卧室进深偏大，有些浪费，应调整面积，补充到起居室。另外，卫生间干湿分离，不宜隔在交通道两侧。

改造重点：调整卧室比例；合并卫生间；扩大起居室开间。

首先，将主卧室左墙右移，下墙下移 20 厘米，门调整到左下角。

其次，合并卫生间，重新布置洁具。

再次，洗衣机设置在阳台。

最后，扩大起居室开间。

卫生间应尽量合并，干湿分离借用交通通道只能是权宜之计。

改前

改后

北京苹果园交通枢纽 H 地块
A 户型

廉租房

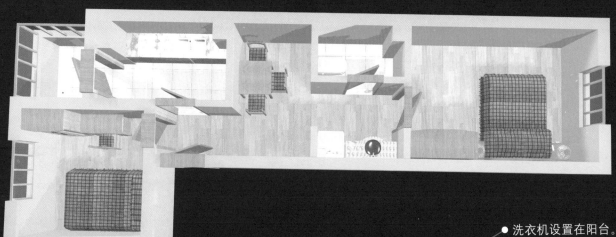

改前

- 洗衣机设置在阳台。
- 扩大起居室开间。
- 合并卫生间，重新布置洁具。
- 主卧室左墙右移。
- 下墙下移 20 厘米，门调整到左下角。

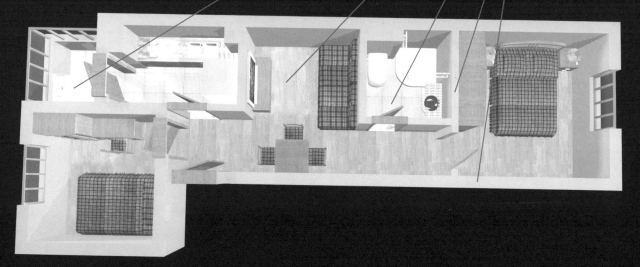

改后

北京苹果园交通枢纽 H 地块
B 户型

廉租房

户型分析：一室一厅一卫的 B 户型，为塔楼两单元东和西户型，餐厅和厨房通过开槽采光。

功能布局：门厅独立，不能与餐厅借用空间，同时，厨房橱柜反向布局，光线稍差。

改造重点：调整厨房；横移卫生间。

首先，将厨房布局反转，操作台面直接采光。

其次，右移卫生间。

最后，右移餐厅与门厅合在一起，增加沙发。

在面积有限的情况下，尽量保持空间的完整，同时，门厅和餐厅相互借用空间，非常实用。

改前

改后

改前

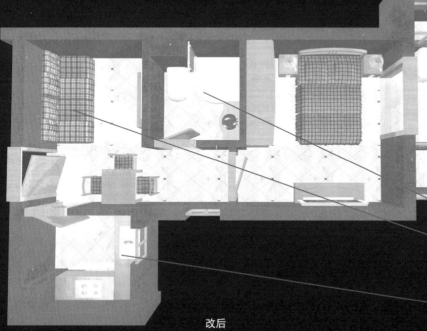

改后

● 右移卫生间。

● 餐厅与门厅合在
  一起，增加沙发。

● 反转橱柜，直接
  采光。

北京苹果园交通枢纽 H 地块
C 户型

廉租房

户型分析：二室一卫的 C 户型，为塔楼部分的东西户型，单面采光，起居部分是 5 个门围合的小过厅。

功能布局：卫生间淋浴空间狭小，厨房内无法放置冰箱。

改造重点：对调卧室；调整厨卫；将公共管线间面积并入。

首先，将两个卧室对调。

其次，下移卫生间上墙，调整洁具。

再次，将公共管线间调整到电梯管井下侧，面积并入起居室。

最后，厨房加大，纳入冰箱。

有时增加 1～2 个平方米，可以将起居室用活。

改前

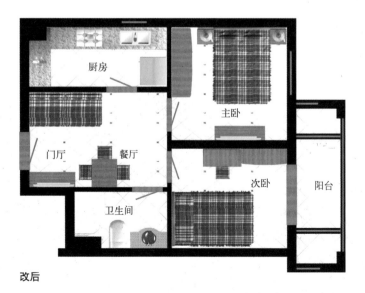

改后

北京苹果园交通枢纽 H 地块
C 户型

廉租房

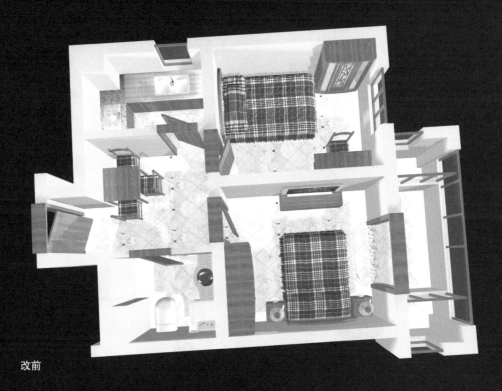

改前

● 厨房加大，纳入冰箱。

● 公共管线间调整到电梯管井下侧，面积并入起居室。

● 两个卧室对调。

● 下移卫生间上墙，调整洁具。

改后

北京苹果园交通枢纽H地块
D户型

廉租房

户型分析：二室一卫的D户型，为塔楼部分的东南和西南户型，两面采光，整体非常明亮。

功能布局：次卧室因放置了书桌而无法放置衣柜。起居部分仍然只能用作餐厅。

改造重点：调整卫生间外墙和比例；缩小主卧室。

首先，将卫生间下墙下移，右墙左移，重新布置洁具。

其次，下移主卧室上墙。

再次，下移次卧室门，上端设置衣柜。

最后，客厅和餐厅用通道自然分开。

卫生间下墙下移，缩小了楼体开槽，有利于采光和施工。

改后

改前

北京苹果园交通枢纽 H 地块
D 户型

廉租房

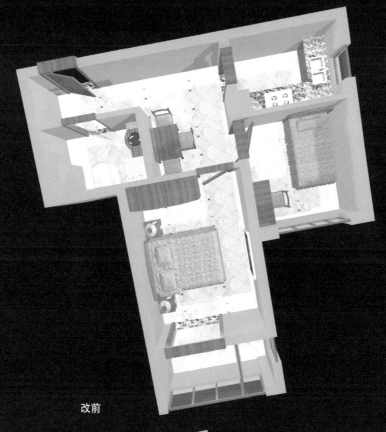

改前

● 客厅和餐厅用通道
　自然分开。

● 下移次卧室门，上
　端设置衣柜。

● 下移主卧室上墙。

● 卫生间下墙下移，
　右墙左移，重新布
　置洁具。

改后

北京苹果园交通枢纽 H 地块
E 户型

廉租房

户型分析：二室一厅一卫的 E 户型，为塔楼部分的全南户型，餐厅虽然采光，但面积局促。

功能布局：门厅面积无法借用，起居部分仅能用作餐厅。

改造重点：偏转厨房；调整主卧室。

首先，将厨房偏转，缩短楼体开槽的进深。

其次，下移卫生间门，调整洁具。

最后，因邻居户型调整，主卧室右上墙下移。主卧室减少的面积恰好补给了偏转的厨房，这样不仅扩大了起居室，还缩短了开槽的深度。

改前

改后

北京苹果园交通枢纽 H 地块
E 户型

廉租房

改前

● 下移卫生间门，调整
洁具。

● 因邻居户型调整，主
卧室右上墙下移。

● 厨房偏转，缩短楼体
开槽的进深。

改后

北京苹果园交通枢纽 H 地块
F 户型

廉租房

　　户型分析：二室一卫的 F 户型，为塔楼部分的全南户型，单面采光，用作餐厅的过厅狭长，基本为交通通道。

　　功能布局：两个卧室比例适宜，厨卫布局合理。

　　改造重点：对调卧室；偏转厨房；卫生间干湿分离。

　　首先，将两个卧室对调。

　　其次，偏转厨房。

　　再次，卫生间干湿分离。

　　最后，起居室变宽，适宜放置沙发。

　　在面积有限的情况下，尽量合零为整。卫生间分离可抠出干区洗手台部分的面积，使其融入起居室，增加客厅的功能。

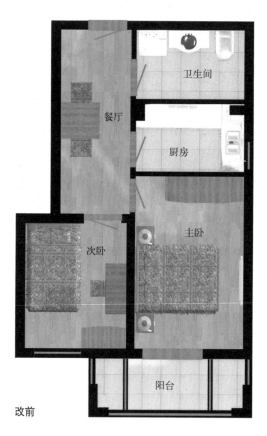

改前

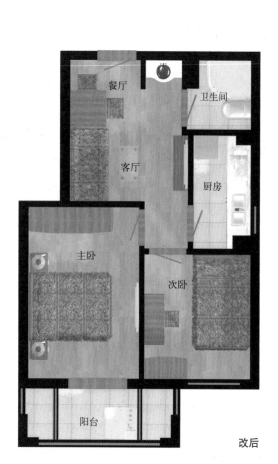

改后

北京苹果园交通枢纽 H 地块
F 户型

廉租房

改前

● 卫生间干湿分离。

● 偏转厨房。

● 起居室变宽，适宜
　放置沙发。

● 两个卧室对调。

改后

北京苹果园交通枢纽H地块

G户型

廉租房

户型分析：二室一卫的G户型，为板楼部分的南北户型，采光、通风较之其他户型要好许多。

功能布局：两个卧室和厨房比例和谐，但次过厅仅能放置餐桌，卫生间洁具摆放不合理。

改造重点：对调厨房、卫生间和次卧室；改变卫生间比例。

首先，将厨房、卫生间和次卧室对调，厨房内纳入冰箱。

其次，卫生间比例变长，分离淋浴间。

再次，次卧室下墙上移，增大起居室开间。

最后，主卧室上墙下移，增大起居室开间。

起居室面积增加不多，但容纳下沙发就会非常实用。

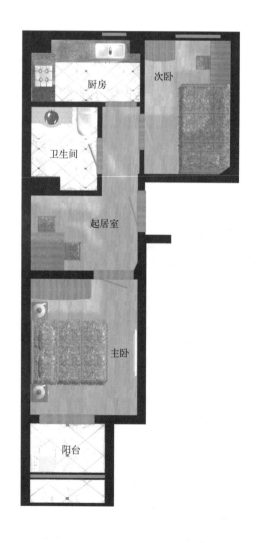

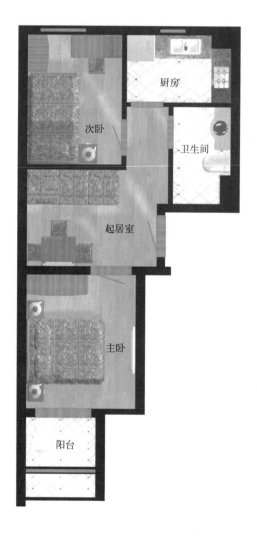

改前

改后

北京苹果园交通枢纽 H 地块
G 户型

廉租房

改前

改后

- 厨房、卫生间和卧室对调，厨房内纳入冰箱。
- 卫生间比例变长，分出独立浴间。
- 次卧室下墙上移，增大起居室开间。
- 主卧室上墙下移，增大起居室开间。

实验设计

公共租赁住房设计既是老课题，又得具备新思路，这样才能在降低成本的同时，满足现代人的居住需求。为此，从国家到地方，从单位到个人，都进行了许多有益的探索。这里选用了王绍贤先生独创设计的燕形楼，进行设计改造分析。

燕形楼是将正方形塔楼偏转 45°以后削去北端楼角，向内收缩，构成东南方、西南方两翼主墙面，交通核在两翼背部中间，从交通核内侧向东北、西北方向设置楼道。

"T"形凹槽的弊端

燕形楼在解决进深空间的通风、采光问题时，将传统的直凹槽改成"T"形凹槽，目的是缩小凹槽开口。实际上，这样的设计存在三个致命的弱点：一是横向槽避免互视的挡板过大，立在高层中显得突兀；二是横向凹槽出现较深的拐角，造成里侧空间的通风、采光比起设置直凹槽时更差；三是过窄的凹槽空间使外墙施工难以展开。

半 3M 模数的发展

值得提倡的是燕形楼在开间和进深尺度上采用了半 3M 模数，如：双人卧室若按 3.3 米 ×3 米或 3 米 ×2.7 米，有欠缺，采用 3.15 米 ×2.85 米恰到好处；单人卧室短边 2.1 米，其净空间放床过于局促，若为 2.4 米，又会出现少量多余空间，2.25 米比较合适。

由于公共租赁住房的户型设计要以标准化为原则，这样才能使不同类型的户型灵活组合，形成多样化组合平面，因此，注重模数化是非常重要的，在传统的 3M 模数不够精细的情况下，提出半 3M 模数的概念显得更为贴近实际。

53

燕形楼 1
楼尾 A 户型

户型分析：二室一厅一卫的楼尾 A 户型，建筑面积 56.03 平方米，为廉租房，处于燕形楼的东北侧和西北侧，格局规整，尺寸符合模数，适宜于模块化设计。

功能布局：门厅和客厅错位设计，不能相互借用空间，同时，餐厅处在客厅里侧，出入有交叉干扰。阳台内放置衣柜，不太符合居住习惯。主卧室进深局促，不能放置衣柜。

改造重点：对调客厅和厨房；合并卫生间；缩小并调整阳台；扩大主卧室进深。

首先，将客厅调整到厨房处，打开门厅，上移大门，扩大起居室面积。

其次，扩大厨房开间，增加窄橱柜，放置小家电。

再次，卫生间上墙下移，留出餐厅位置。

接着，卫生间合并干湿间，重新布置洁具。

然后，扩大主卧室进深，便于放进衣柜。

最后，阳台进深缩小至 1.2 米，封上次卧室阳台门。

这样大面积的廉租房要满足家具的使用：四人餐桌，三人沙发，主卧室内放入衣柜。

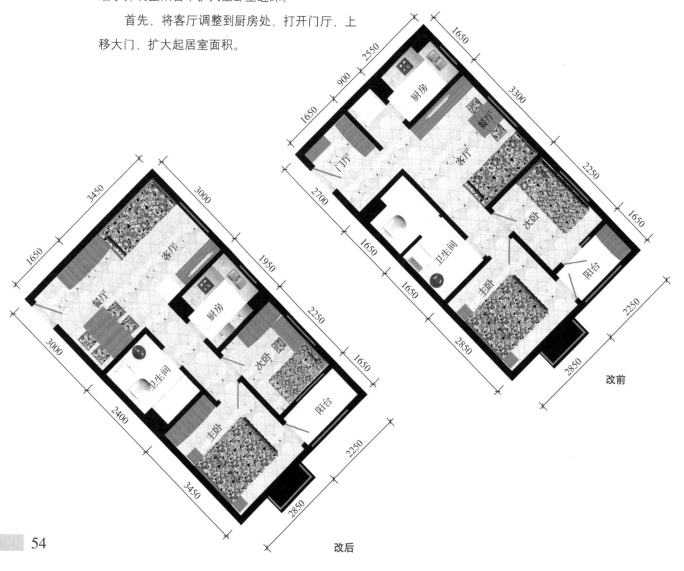

改前

改后

燕形楼 1
楼尾 A 户型

实验设计

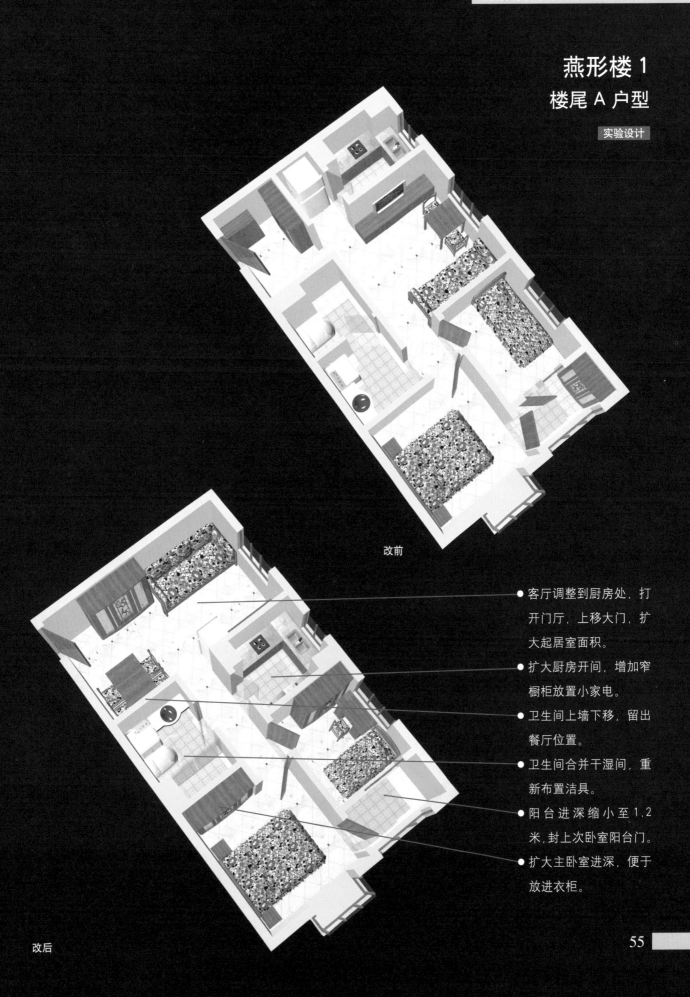

改前

改后

- 客厅调整到厨房处，打开门厅，上移大门，扩大起居室面积。

- 扩大厨房开间，增加窄橱柜放置小家电。

- 卫生间上墙下移，留出餐厅位置。

- 卫生间合并干湿间，重新布置洁具。

- 阳台进深缩小至1.2米，封上次卧室阳台门。

- 扩大主卧室进深，便于放进衣柜。

燕形楼 2
楼尾 B 户型

实验设计

户型分析： 一室一厅一卫的楼尾 B 户型，建筑面积 47.87 平方米，为公租房，处于燕形楼的东北侧和西北侧，由于格局狭长和错落，适于日照差些的楼背面。

功能布局： 餐厅和客厅分开设计，既不能相互借用空间，又使起居动线拉得过长。同时，卧室面积局促，双人床靠墙成为了"炕"。

改造重点： 对调卧室和起居室；客厅增加开窗；调整卫生间。

首先，将卧室调整到原起居室处，正常摆放家具。

其次，客厅增加开窗，充分利用外墙的采光优势。

再次，餐厅利用交通通道，与客厅相互借用空间形成气势。

最后，卫生间取方，设置独立淋浴间。

小户型尽量将交通通道消化，融入实用的空间。

改前

改后

燕形楼 2
楼尾 B 户型

改前

改后

● 卫生间取方，设
置独立淋浴间。

● 客厅增加开窗，
充分利用外墙的
采光优势。

● 餐厅利用交通通
道，与客厅相互
借用空间形成气
势。

● 将卧室调整到原
起居室处，正常
摆放家具。

燕形楼 3
楼腰 A 户型

户型分析：二室一厅一卫的楼腰 A 户型，建筑面积 53.34 平方米，为廉租房，处于燕形楼的东南侧和西南侧，格局基本规整，但客厅处开了个凹槽，为避免互视，设计了巨大的挡板。

功能布局：起居室处于交通通道处，有交叉干扰。卫生间的干湿分离没有借用交通通道，有些浪费。在阳台放置衣柜，不符合正常的生活需要。

改造重点：凹槽取直，缩小开槽口，纳入厨房；次卧室调整到原厨房处，适当加大进深；缩小卫生间，扩大起居室。

首先，将凹槽取直，缩小 30 厘米开槽口，并缩短挡板。

其次，厨房调整到原起居室处。

再次，加大次卧室进深，设置衣柜。

接着，卫生间合并干湿间，重新布置洁具，外侧设置公共管线间。

最后，起居室设置在朝阳处，保持足够的通风、采光。

楼体避免开拐角凹槽，既不好施工，又使通风、采光变得很差，同时互视概率会大幅增加。开槽缩 30 厘米后，加上卫生间外侧设置的公共管井，减去的面积正好补上了凹槽的面积。

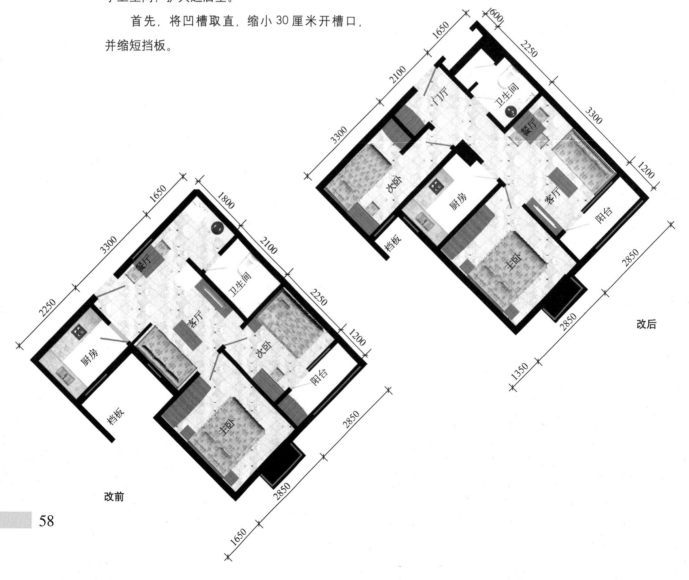

改前

改后

燕形楼 3
楼腰 A 户型

实验设计

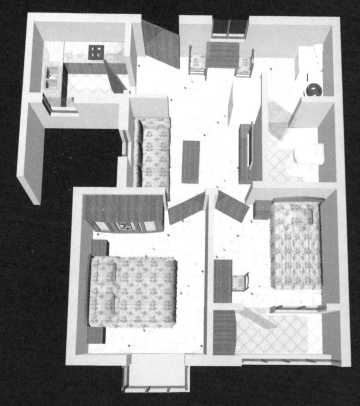

改前

● 外侧设置公共管线间。

● 卫生间合并干湿间，重新布置洁具。

● 加大次卧室进深，设置衣柜。

● 凹槽取直，缩小挡板。

● 厨房调整到原起居室处。

● 起居室设置在朝阳处，保持足够的通风、采光。

改后

燕形楼 4
楼腰 B 户型

户型分析：一室一厅一卫的楼腰 B 户型，建筑面积 47.83 平方米，为公租房，处于燕形楼的东南侧和西南侧，格局比较规整，适宜于模块化设计。

功能布局：门厅和客厅错位设计，不能相互借用空间，同时餐厅处在客厅里侧，出入有交叉干扰。卧室床靠墙成"炕"，并且窗尾对着窗户，不符合正常摆放习惯。冰箱放在门厅，用起来也很别扭。

改造重点：对调客厅和厨房、卫生间；合并门厅、餐厅和客厅；扩大卧室进深，偏转床。

首先，将客厅调整到厨房、卫生间处，打开门厅，扩大起居室面积。

其次，卫生间内设置独立淋浴间。

再次，冰箱、洗衣机靠厨房摆放，便于使用。

接着，餐厅有稳定的夹角。

最后，适当扩大卧室进深，床平行于窗户摆放。

扩大的起居室非常明亮、完整，里侧还可以结合阳台隔出小卧室。

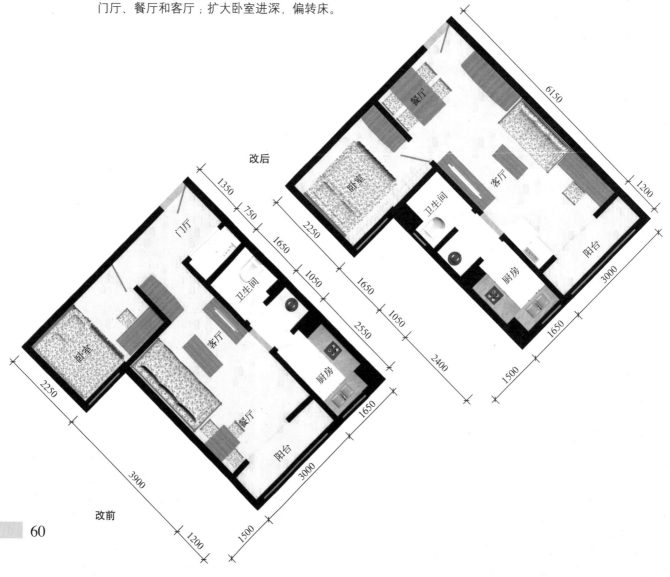

改后

改前

燕形楼 4
楼腰 B 户型

实验设计

改前

改后

- 餐厅有稳定的夹角。
- 客厅调整到厨房、卫生间处，打开门厅，扩大起居室面积。
- 冰箱、洗衣机靠厨房摆放，便于使用。
- 卫生间内设置独立淋浴间。
- 适当扩大卧室进深，床平行窗户摆放。

公租混合篇

空间的隔声

篇前语

为保证公共租赁住房室内环境的使用性能，其建筑隔声应符合《民用建筑隔声设计规范》(GB 50118-2010) 的有关规定。具体做法是：

楼板和分户墙

据测定，厚 12 厘米的钢筋混凝土楼板空气隔声量为 48 ~ 50dB，如果再加上其他构造，效果会更好，但这类材料在隔绝撞击声方面显得不足，建议在工程中增加 10 厘米厚的垫层，如聚苯泡沫板改善量为 5 ~ 8dB，矿棉和玻璃棉改善量为 15 ~ 30dB。

钢筋混凝土墙作为分户墙，具有较好的隔声性能，还能起到防火的作用，设计厚度为 20 厘米，但开墙凿洞放置插座和管线，会影响其隔声性能。如果使用轻质材料，则需要采用双层墙或复合墙体构造，保证隔声效果。

管道和设备

管道可能产生躁声的部位大多是卫生间的下水管，尤其是近年来工程塑料被大量采用，其材轻、壁薄，排水时形成的噪声相比铸铁管加大了不少。新型薄壁铸铁管的采用以及将排水管集中封闭于管井中，会大大降低噪声。

住宅中易产生噪声的设备包括电梯、水泵、风机和空调机等。若因条件所限，实在不能将卧室、书房等需要安静环境的功能空间与电梯井隔离，则要在电梯井筒与卧室、书房之间加隔声墙体或布置衣柜，以降低电梯运行对居室声环境的影响。

门和窗

门窗是隔声的薄弱环节，应该加以足够的重视。户门选用防盗、防火、保温、隔声等多功能的产品。为增加通风效果，可根据情况选择带通风小扇及隔栅的门。户内门的选择着重考虑安全性和耐久性，以平开门为主，推拉门为辅。

在窗户的气密性上，平开窗比推拉窗要好些，应该优选。同时，窗户的玻璃选用中空或双中空的，以保证良好的隔声和保温效果。

另外，采用封闭阳台，也可减少户外的噪声干扰。

板塔式

板塔式就是板式楼和塔式楼相结合的建筑样式，具体说，楼体两侧是前后通透的板式楼格局，中间部分是一面或两面采光的塔式楼格局。短些的板塔式楼外观像塔式楼，长一些的像板式楼，也有将短些的板塔式楼按单元连接起来，形成长些的板塔式楼。

板塔式楼的出现，一方面是由于纯板式楼高度有一定的限制，通过板塔式设计可以增加高度、提高容积率并兼顾舒适度；另一方面是丰富建筑立面，较之板式楼活泼，较之塔式楼轻盈；再一方面是为了满足喜好板式楼和喜好塔式楼的不同客户群的需要。对于模块式公共租赁住房，户型规整，组合单一，楼体立面则相对呆板。

识别结构

一般来说，板塔式楼整体形状似板式楼，局部构造为塔式楼，其中大些的户型为板式楼，小些的户型为塔式楼。

实际上，现在有一些"假板式楼"的项目，从建筑外观上看，是板式楼的模样，但户型布局中一些是板式楼，一些是塔式楼，因此，这类建筑应归结在板塔式楼中。一些模块式公共租赁住房，如"1"字形东西向和"一"字形南北向通廊式楼，外观很像长板式楼，但实际上，除了两侧的端户型能达到东西或南北通透外，中间户型因有通廊隔断，不能真正通透，因此仍属于板塔式。

权衡利弊

由于塔式楼部分的楼体进深加大会与板式楼部分形成夹角，既可能造成互视，又会遮挡日照和观景，因此，设计时一方面要注意主要居室采光窗的视角，另一方面也要注意日照的遮挡夹角。

板塔式楼在电梯的配置上，一般不会像纯板式楼那样1梯2户，尤其是公租房，通常为1梯4户，或2梯6～8户。通廊板塔式楼则能达到1梯8户至3梯16户。

由于模块户型设计以标准化为原则，不同类型的户型之间灵活组合，可形成多样化组合平面。

在户型使用率上，板塔式楼一般比板式楼短，比塔式楼薄，公摊介于两者这间，而通廊式楼走廊占用面积稍多，因而造成公摊加大。

北京中关村科技园区电子城人才公租房
楼层改前

板塔式

环境氛围：位于北京市朝阳区东北五环，中关村科技园区电子城北扩区，基地南临电子城西区，北靠规划十二路，东接规划三路，西望规划五路。建设用地 1 万平方米，总建筑面积 3.4 万平方米，容积率 2.8，绿地率 30%。

建设单位：北京中关村电子城建设有限公司

楼层分析：该住宅为对称连体板塔楼，每个单元 1 梯 4 户，其中 B 户型为塔楼结构，A 户型为板楼结构。楼面总体比较平衡，但楼座北侧开了深槽，仅解决楼道采光问题，有些单一，可以考虑缩小楼座总面宽。

功能布局：A 户型二室二厅一卫，建筑面积 54.86 平方米，使用率 84%。虽然格局比较方正，但主卧室进深稍小，放置衣柜有些局促。B 户型二室二厅一卫，建筑面积 57.85 平方米，使用率 84%。户型面积配比不错，但客厅开间小于主卧，不够均好，同时卫生间淋浴面积有些局促。

北京中关村科技园区电子城人才公租房
楼层改后

板塔式

改造重点：楼座总面宽收缩 900 厘米，合并北侧开槽。去掉电梯旁管井，在步行梯内增加管井。电梯厅对称加大面积。

A 户型，主卧室南墙下移 20 厘米，保证衣柜的放置。

B 户型，次卧室南墙下移 20 厘米，与 A 户型取齐；起居室开间增至 3 米，不小于卧室。

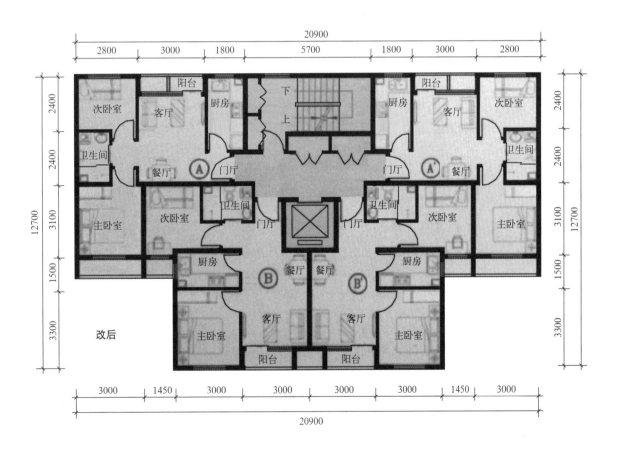

北京中关村科技园区电子城人才公租房
B 户型

板塔式

户型分析：二室二厅一卫的 B 户型，建筑面积 57.85 平方米，使用率 84%。这种户型为全南朝向，采光不错，通风不好。尤其是起居室开间小于卧室，均好性不足。

功能布局：两个卧室和厨房比例不错，尺寸恰到好处，但卫生间淋浴部分偏窄，使用局促。

改造重点：调整厨房；横移卫生间。

首先，将起居室和卧室右墙右移 10 厘米，使起居室开间增至 3 米，与卧室一样。

其次，楼座总面宽收缩 900 厘米，这样，次卧的窗户实际缩小了 550 厘米。

再次，次卧下墙下移 20 厘米，与 A 户型取齐。

接着，卫生间右墙右移，扩大淋浴间。

最后，大门下移，与电梯上墙取齐。

调整后，面积有张有收，变化不大，但楼座总面宽收缩，节约了占地。

北京中关村科技园区电子城人才公租房
B 户型

板塔式

改前

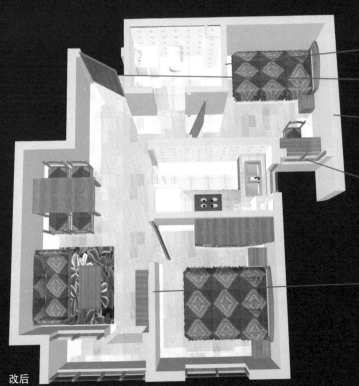

改后

- 卫生间右墙右移，扩大淋浴间。
- 大门下移，与电梯上墙取齐。
- 楼座总面宽收缩900厘米，这样，次卧的窗户实际缩小了550厘米。
- 次卧下墙下移20厘米，与A户型取齐。
- 起居室和主卧室的右墙同时右移10厘米，使起居室开间增至3米，与主卧室一样。

北京地铁 15 号线马泉营车辆段住宅

B5 户型

板塔式

环境氛围：位于北京市朝阳区望京北扩规划范围以北，地处崔各庄乡，用地东距香江北路站约 900 米，南距来广营东路站约 1300 米。项目总建筑面积 2.3 万平方米，绿地率 20.7%。

建设单位：北京东直门机场快速轨道有限公司

原设计单位：北京市市政工程设计研究总院

户型分析：B5 户型三室二厅二卫，两面采光，建筑面积 118.48 平方米，使用率 66%。该住宅采用框架结构，同时，公摊偏大，造成使用率过低。

功能布局：整体格局比较方正，但均好性不足，表现在：客厅开间小于主卧室；两个卫生间都有些偏长，尤其是主卫内没能设置浴缸；厨房由于结构柱的影响，洗涤盆位置过于局促。

改造重点：左移客厅左墙；扩大厨房开间；缩小主卧和次卧的开间；调整卫生间。

一是左移客厅左墙 90 厘米，与结构柱取齐。

二是扩大厨房开间 20 厘米。

三是缩小主卧开间 80 厘米。

四是缩小次卧开间 30 厘米。

五是调整次卫门和洁具。

六是调整主卫门和洁具。

改造后，各空间比例相对均好。

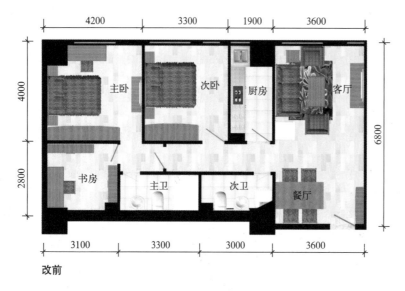

改前

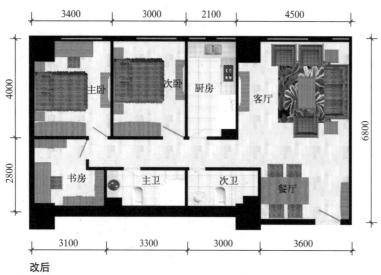

改后

北京地铁 15 号线马泉营车辆段住宅

B5 户型

板塔式

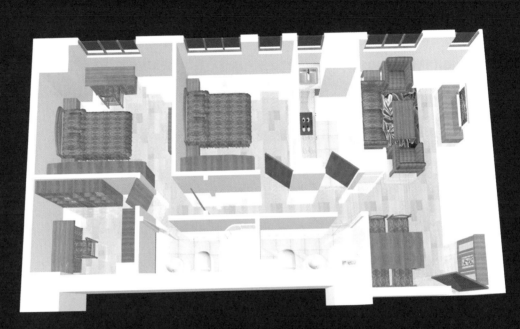

改前

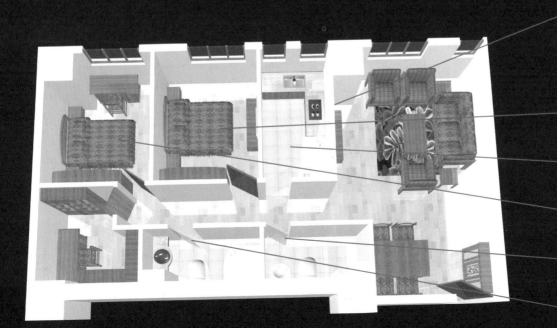

- 左移客厅左墙 90 厘米，与结构柱取齐。
- 缩小次卧开间 30 厘米。
- 扩大厨房开间 20 厘米。
- 缩小主卧开间 80 厘米。
- 调整次卫门和洁具。
- 调整主卫门

北京海淀区小营政策性住房
楼层改前

板塔式

环境氛围：位于北京市海淀区北京中轴线西侧，京藏高速路东侧，北五环路北侧，紧邻京藏高速路小营桥出口和地铁8号线西三旗北五环北站。项目总建设用地25.5公顷，其中D1地块部分为公租房用地，建设用地5.8万平方米，总建筑面积8万平方米，公租房1386套。

建设单位：北京城建兴华地产有限公司

原设计单位：联安国际建筑设计有限公司

楼层分析：该住宅地上21层，为对称联体板塔楼，每个单元2梯5户，其中A户型为板楼结构，B户型为塔楼结构。楼面总体比较平衡，但北侧电梯和楼梯过于凸出。

功能布局：A户型二室一厅一卫，建筑面积58.9平方米，处于板楼部分，南北通透。两个卧室格局比较方正，尺度适宜，但起居室偏小，仅能放置餐桌。B1户型一室一卫，建筑面积45.8平方米，B2户型一室一卫，建筑面积45平方米，都处于塔楼部分，全南采光。户型为大开间的合体一居，只是增加了卧室隔墙，问题同样是起居部分偏小。

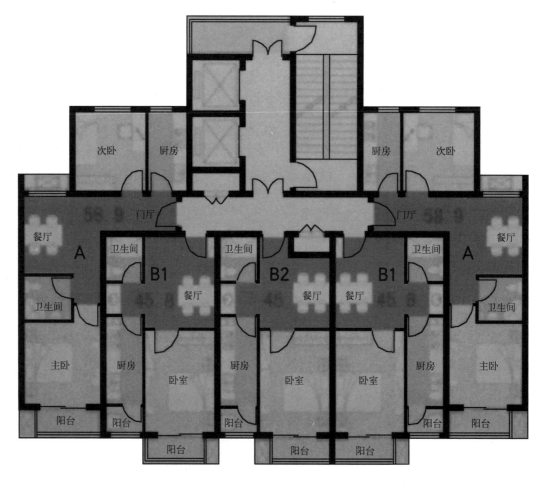

北京海淀区小营政策性住房
楼层改后

　　改造重点：B1、B2 户型厨卫部分下移，与卧室阳台取齐，同时缩短卧室进深，让出面积给起居部分。A 户型对调厨房和次卧，同时增加厨房阳台，保持与 B 户型相同。

　　B1 户型，厨房和卫生间下移，阳台与卧室取齐，保持外立面整齐。缩短卧室进深，增加起居部分的进深，增加客区。

　　B2 户型，厨房和卫生间下移，阳台与卧室取齐，公共管井调整到卫生间上端，扩大起居室。

　　A 户型，增大卧室进深，放置衣柜，并对调厨房和次卧，增加服务阳台。B1 户型让出的卫生间位置正好是 A 户型的餐厅。

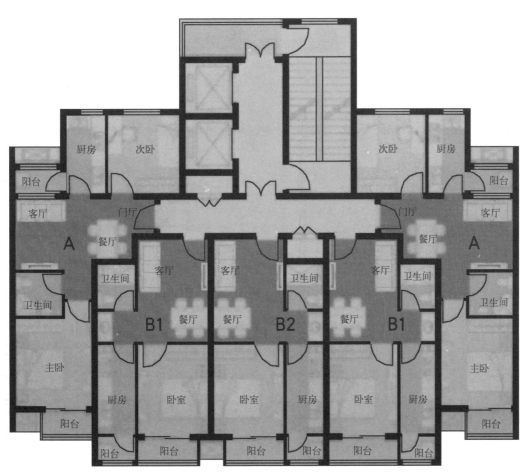

北京海淀区小营政策性住房
A 户型

板塔式

户型分析：二室一厅一卫的 A 户型，建筑面积 58.9 平方米，处于南北通透的板楼部分，但次卧墙面遮挡，未能形成直接通风。

功能布局：起居室面积偏小，只能满足就餐功能，同时缺少服务阳台，洗衣机使用不便。

改造重点：对调厨房和次卧；增加服务阳台；扩大主卧进深。

首先，将厨房和次卧对调，使厨房保持与主卧的直接通风。

其次，厨房内增加橱柜，呈"L"形。

再次，增加服务阳台，放入洗衣机。

接着，利用 B1 户型卫生间下移的调整，将餐厅和客厅分离。

最后，卫生间上移，扩大主卧进深，增加衣柜，同时缩小阳台，使空调散热片直接对外。

空调尽量平行于厨房设置，避免热风吹向窗户和门。

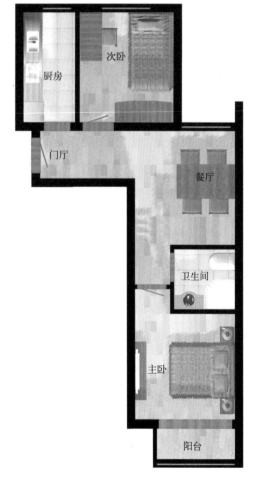

改前

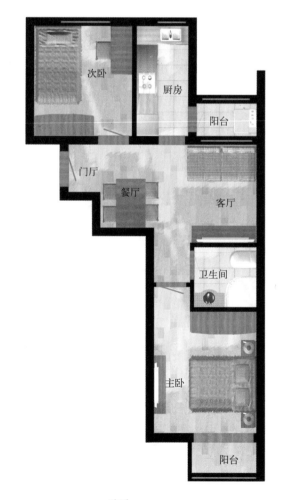

改后

北京海淀区小营政策性住房
A 户型

板塔式

改前

改后

- 增加服务阳台，放入洗衣机。

- 厨房内增加橱柜，呈"L"形。

- 厨房和次卧对调，使厨房保持与主卧的直接通风。

- 利用相邻 B1 户型卫生间下移的调整，将餐厅和客厅分离。

- 卫生间上移，扩大主卧进深，增加衣柜。

- 缩小阳台，使空调散热片直接对外。

北京海淀区小营政策性住房

B1 户型

板塔式

户型分析：一室一卫的 B1 户型，建筑面积 45.8 平方米，为全南采光的塔楼部分。户型实际为大开间的一居室，隔出的起居部分面积稍小。

功能布局：卧室进深稍小，不宜放置衣柜，同时，厨房阳台和卧室阳台的错落设计不太美观。

改造重点：扩大卧室进深；下移卫生间和厨房。

首先，将卫生间上移，扩大卧室进深，放置衣柜。

其次，下移卫生间和厨房，服务阳台与卧室阳台取齐。

再次，厨房上墙与卧室上墙取齐。

最后，增加客厅。

B2 户型水平翻转，卫生间上端正好用作公共管线间。B1、B2 户型的面积基本相同。

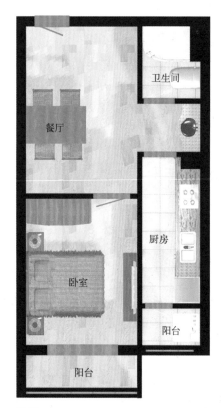

改前

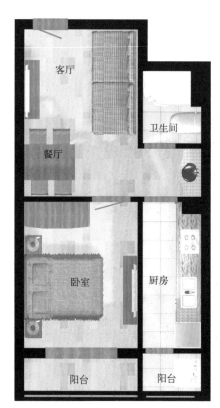

改后

北京海淀区小营政策性住房
B1 户型

板塔式

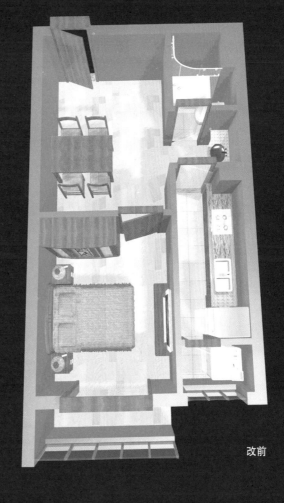

改前

- 增加客厅。
- 厨房上墙与卧室上墙
  取齐。
- 下移卫生间和厨房。
- 服务阳台与卧室阳台
  取齐。

改后

北京东小口镇公租房
北区楼层改前

板塔式

环境氛围：位于北京市昌平区东小口镇兰各庄村，紧邻地铁13号线。北区规划为小户型家庭式公租房，面积小于60平方米；南区规划为青年旅社式公租房及商业用房，面积小于40平方米。

建设单位：北京市昌平区东小口镇政府
北京市昌平区兰各庄村委会

原设计单位：方地建筑设计有限公司

楼层分析：该住宅为对称联体板塔楼，每个单元2梯6户，其中B、C户型为塔楼结构，A户型为板楼结构。楼面总体比较平衡，但北侧楼梯旁的两个凹槽仅用作管线井，意义不大。同时，电梯厅设在中间，不够敞亮。

功能布局：A户型一室二厅一卫，建筑面积59平方米，卧室与其他空间的错位，失去了板楼部分的通透性。B户型一室一厅一卫，建筑面积54.7平方米，客厅与邻居C户型的卫生间互视，缺乏私密性。C户型一室二厅一卫，建筑面积52.6平方米，整体比较平衡，只是卫生间缺乏规整。

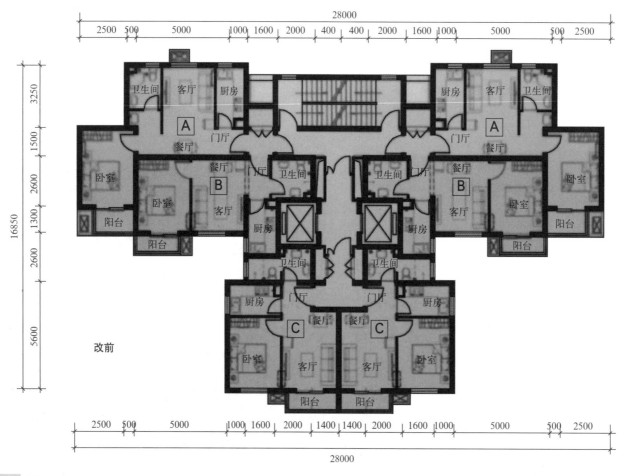

改前

北京东小口镇公租房
北区楼层改后

`板塔式`

改造重点：调整电梯，取直北侧外墙。下移A户型卧室，保持中间结构墙取直。

A户型，卧室下移，阳台与B户型阳台取齐，同时其他空间外移，保持卫生间与卧室的对流。

B户型，偏转厨房，取直南侧墙面。

C户型，卫生间尺度取方，改开大门，加大起居室。

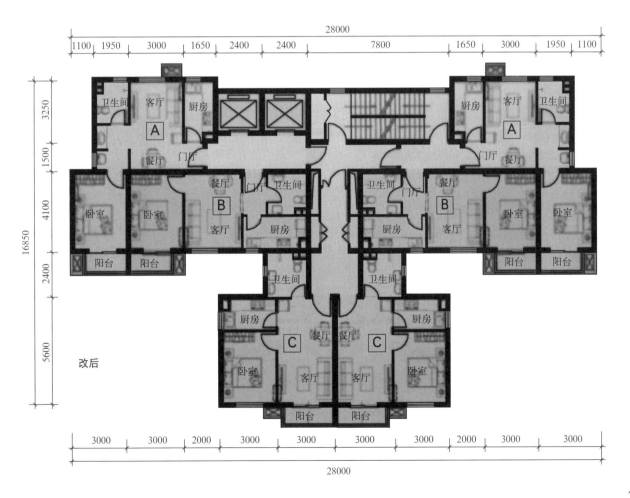

改后

北京东小口镇公租房

A 户型

板塔式

户型分析： A 户型一室二厅一卫，建筑面积 59 平方米，处于板楼部分，遗憾的是由于户型南北错位，缺乏对流通道。

功能布局： 各空间面积配比不错，区域划分适宜，只是卧室与 B 户型卧室的错位使阳台不在一个平面，外立面不太美观。餐厅处在通道中，不够稳定。

改造重点： 下移卧室；横移其他空间。

首先，将卧室下移，外墙和阳台与 B 户型取齐，保持外立面的整洁。

其次，其他空间横移，使卫生间门正对着卧室，保持通透性。

再次，卫生间干湿分离。

接着，洗衣间开窗，增强通风、采光。

最后，餐厅增加隔墙，保持稳定。

调整没有增加楼座的占地，反而使结构墙平直、连贯。

改后

改前

北京东小口镇公租房
A 户型

板塔式

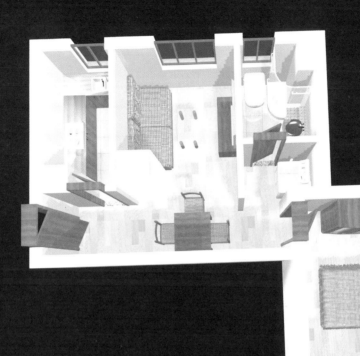

改前

- 其他空间横移，使卫生间门正对着卧室，保持通透性。
- 卫生间干湿分离。
- 洗衣间开窗，增强通风、采光。
- 餐厅增加隔墙，保持稳定。
- 卧室下移，外墙和阳台与相邻 B 户型取齐，保持外立面的整洁。

改后

北京东小口镇公租房

B 户型

板塔式

户型分析：B 户型一室一厅一卫，建筑面积 54.7 平方米，除厨房是侧窗外，其他房间基本都为南向采光，邻居 C 户型的侧墙形成了采光遮挡。

功能布局：各空间尺度适宜，只是客厅与邻居 C 户型的卫生间互视，缺乏私密性。

改造重点：偏转厨房，南侧外墙取直。

首先，结合电梯调整将厨房偏转。

最后，南外墙下移 20 厘米，保持整齐。

南外墙的下移，不仅取齐了 A 户型的卧室，B 户型的起居室也变得稍微宽裕了。

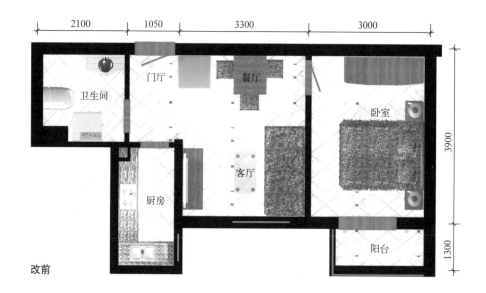

改前

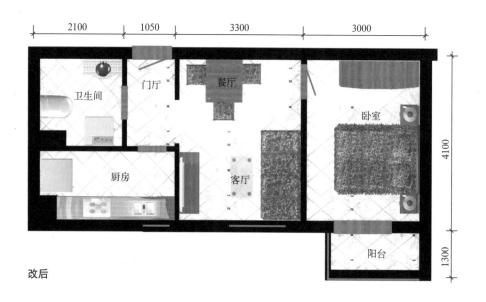

改后

北京东小口镇公租房
B 户型

板塔式

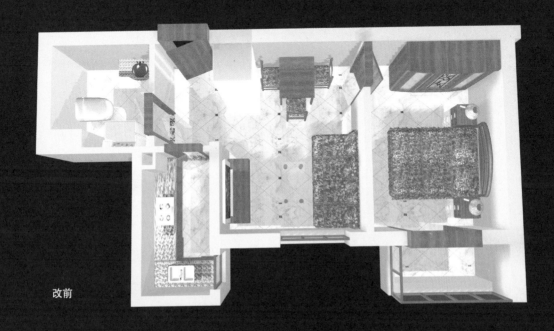

改前

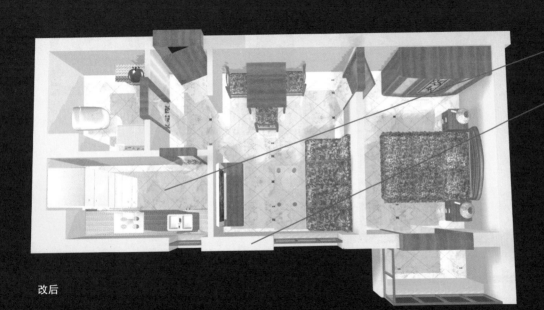

改后

- 结合电梯调整将厨房偏转。
- 南外墙下移20厘米，保持整齐。

北京东小口镇公租房
C 户型

　　户型分析：C 户型一室二厅一卫，建筑面积 52.6 平方米，为塔楼的全南户型，由于厨房和卫生间构成了回路，采光、通风都还不错。

　　功能布局：卧室尺度适宜，起居室进深稍小，餐厅有些局促，最大的问题是卫生间缺乏规整。

　　改造重点：改开大门；规整卫生间。

　　首先，改开大门，扩大起居室。

　　其次，规整卫生间，调整洁具。

　　最后，洗衣机设置在阳台。

　　虽然餐桌对着大门，但增加的进深有效地缓解了拥挤的就餐区域。

北京东小口镇公租房
C 户型

板塔式

改前

改后

- 规整卫生间，调整洁具。
- 改开大门，扩大起居室。
- 洗衣机设置在阳台。

北京市顺义新城望泉寺公租房
楼层改前

板塔式

环境氛围：位于北京市顺义区顺义新城望泉寺北街。项目总建筑面积51.5万平方米，容积率2.5。

建设单位：北京汽车城投资管理有限公司

原设计单位：北京清尚环艺建筑设计院有限公司

楼层分析：该住宅为联体板塔楼，每个单元1梯6户，对称布局。由于全部为一居室，为节约开间，纵向排列居室，因此进深较大，交通占用面积稍多。

功能布局：B户型二室一厅一卫，建筑面积59.79平方米，使用率81.8%，为板楼部分。起居室客厅和餐厅纵向排列，有所分离，只是客厅和卧室有动静交叉干扰。C和C′户型一室一厅一卫，建筑面积51.46平方米，使用率83.2%，为塔楼部分。起居室客厅和餐厅横向排列，干扰较大，并且采光经过阳台，有些灰暗。

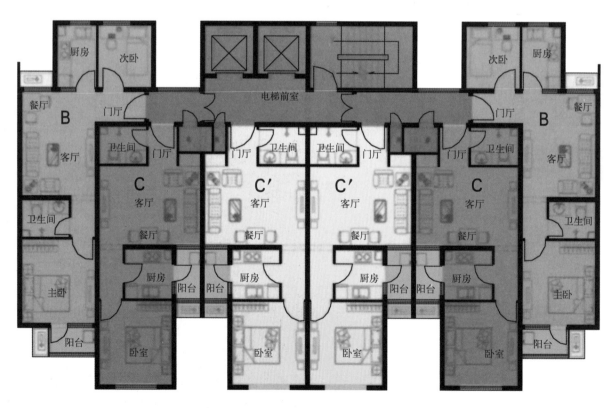

改前

北京市顺义新城望泉寺公租房
楼层改后

板塔式

改造重点：缩小北侧开槽，将其中一个管线间调整到楼梯。改变卫生间比例，调整洁具。

B 户型，卫生间上墙上移，调整洁具，使淋浴间独立，同时大门向里移，增加衣柜。

C 户型，水平翻转卫生间，取方使淋浴间独立，同时餐厅占据稳定的一角。

C′户型，上端公共管井尺寸与 B 户型门厅衣柜相同，保持 C′户型与 C 户型相同。

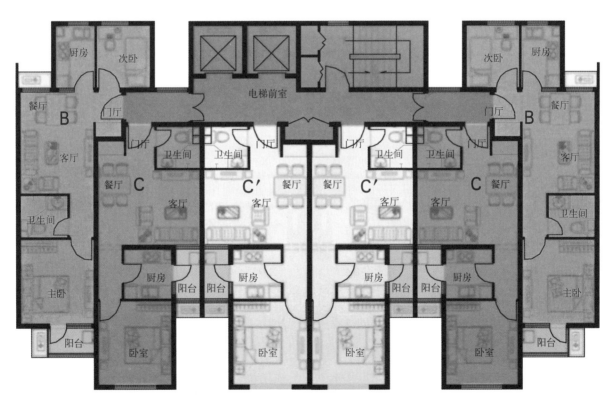

改后

北京市顺义新城望泉寺公租房

B 户型

户型分析：二室二厅一卫的 B 户型，为板塔楼的板楼户型，南北采光，非常通透。

功能布局：两个卧室和厨房尺度配比不错，但卫生间淋浴部分非常局促，同时门厅缺少衣柜。

改造重点：调整卫生间洁具；增加门厅衣柜。

首先，卫生间中增加独立淋浴间。

最后，大门右移，结合 C 户型调整，增加门厅衣柜。

卫生间淋浴很重要，与坐便交叉不符合正常的使用需要。

改前

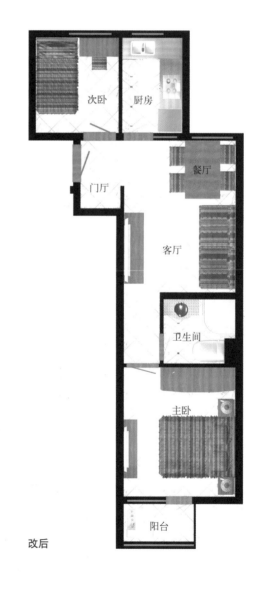

改后

北京市顺义新城望泉寺公租房

B 户型

板塔式

改前

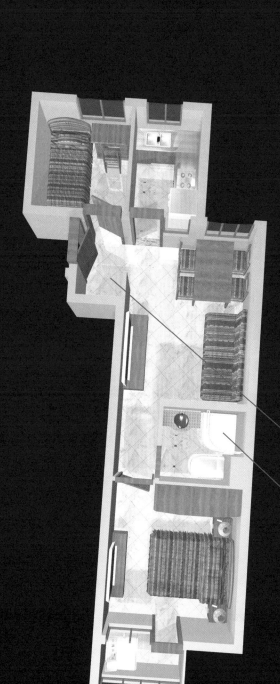

改后

● 大门右移，结合
　C 户型调整，增
　加门厅衣柜。

● 卫生间中增加独
　立淋浴间。

北京市顺义新城望泉寺公租房
C、C′户型

板塔式

户型分析：一室一厅一卫的 C 和 C′户型，为塔楼部分的全南户型，起居室通过开槽和阳台采光，比较灰暗。

功能布局：卧室比例和谐，但餐厅和客厅交叉，有些干扰。另外，卫生间洗手台设在里侧，使用不便，并且无法安放淋浴间。

改造重点：水平翻转卫生间，调整洁具；餐厅和客厅分离设置。

首先，右移卫生间，增加淋浴间。

其次，沙发和电视偏转，保持客厅的独立性。

再次，餐厅独立设置，用交通道自然分离。

最后，设置实用的衣柜。

面积变更不大，但区域划分更为明确。

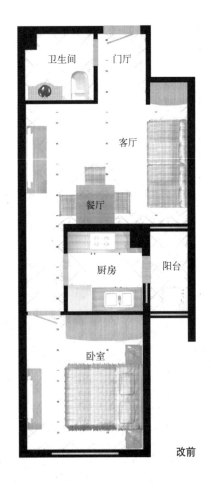

改前

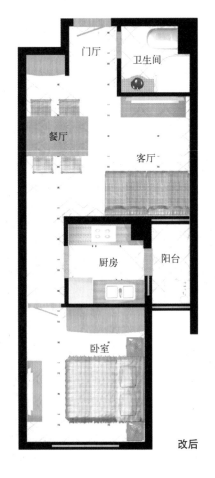

改后

北京市顺义新城望泉寺公租房
C、C' 户型

板塔式

改前

改后

● 右移卫生间，增加
淋浴间。

● 设置实用的衣柜。

● 沙发和电视偏转，
保持客厅的独立
性。

● 餐厅独立设置，用
交通道自然分离。

塔式

塔式楼与板式楼相比，优点为：外立面变化丰富，更适合角窗、飘窗等宽视角窗户的运用；房型呈现多样化，后期改造和用户挑选的余地较大；大堂、电梯厅等公共部分由于基座进深较大，容易设计得气派；塔式楼的点式布局在小区的园林、景观方面，较之线式布局的板式楼要活泼许多。但同时，公摊偏大造成使用率降低、通风和采光易受楼体遮挡、相邻套型互视概率偏大、每层电梯多户共用难以保证私密性等，都是塔式楼显而易见的缺点。因此，设计和改造上要适当注意：

采光和通风

在公共空间上，居住单元与电梯交通核通过走廊联系，面宽和进深都会较大，要选择直接引入自然通风和采光的楼体设计，避免黑房间和大面宽、大进深带来的采光差的影响。

在各套型的私用空间上，早期的方塔楼和"T"形楼，进深较大，各套型的通风、采光不易处理得很好。中期的井字形、风车形楼，注重引进板式楼的设计手法，将卫生间甚至餐厅做成明窗，实现了自然通风、采光，同时加上外挑转角窗等，尽可能将每个套型的空调都隐藏在天井里，保证了外立面美观并且更具有现代气息。

近些年，兼具板式楼、塔式楼优势的新一代蝶形楼应运而生，与早一代蝶形楼不同的是，新一代蝶形楼在楼体上进一步加大了面宽、缩小了进深，并使楼座形态及外立面轻盈秀丽，这样虽然增加了占地面积，但日照、通风、观景较之从前更为充分。

尺度和格局

塔式楼户型的种类比板式楼会丰富一些，多样化的套型使设计和改造的余地变大。同时，塔式楼也容易出现格局不规整，分区不细致的现象。在空间尺度的处理上，受到楼体结构的限制，有些套型的开间和进深容易不太合理。

设计和改造时还需注意两点：一是有些户型单独看，可能很不错，但组合到楼体中就会毛病百出，这是由塔式楼户型的纵横式布局决定的，因此要特别注意与相邻户型的关系；二是蝶形楼的一些户型朝向倾斜，既不能满足全天日照，又不符合喜好正向居住的传统习惯。

塔式楼主要设计为井字楼、风车楼、蝶形楼和口字楼，户型围绕交通核布局，四周和交通核采光窗方向一般有一到多个凹槽，处理不好会造成占地偏多，并且体形系数也偏大。

北京朝阳区汇鸿家园
普通公租房楼层改前

塔式

环境氛围：位于北京市朝阳区常营乡，北邻常营南路，南靠荟康苑小区，距南侧双桥地铁站20分钟行走路程。项目总建设用地面积2.2万平方米，总建筑面积9.4万平方米，容积率2.8，绿地率30%，总户数1596户，包括：普通公租房960户，老年公租房120户，青年公租房516间。

建设单位：北京市天成住宅合作社

原设计单位：大地建筑事务所（国际）

楼层分析：该楼为2、3号楼，连体对称设计，每个单元1梯4户，均为塔楼结构，B1户型为板楼结构。楼面总体比较平衡，北侧外墙略有错位。

功能布局：A1、A2户型均为二室一厅一卫，建筑面积58.56平方米，A1两个卧室尺度适宜，起居部分的客厅和餐厅空间局促，并且处于交通通道处，干扰很大。A2两个卧室开间偏大。B户型为二室二厅一卫，建筑面积60.00平方米，起居部分的三厅分离不错，只是客厅略窄，卫生间没有淋浴的位置。C户型为大开间的合体一居，建筑面积43.70平方米，客区的沙发和电视的距离稍远，不够和谐。D户型一室一厅一卫，建筑面积47.14平方米，卧室进深稍小，无法放置衣柜。

改前

北京朝阳区汇鸿家园
普通公租房楼层改后

改造重点：上移 A2 户型北侧结构墙，与 A1 户型取齐；A2 户型南侧结构墙去掉飘窗，与中部结构墙取齐。

A1、A2 户型，卫生间调整到餐厅处，加大起居室。A2 户型两个卧室开间缩小 75 厘米。

B 户型，厨房上墙下移 20 厘米，增大客厅开间。

C 户型，偏转卫生间，规整大开间。

D 户型，调整家具，分离客厅和餐厅。

改造后，楼座总面宽缩小 75 厘米。

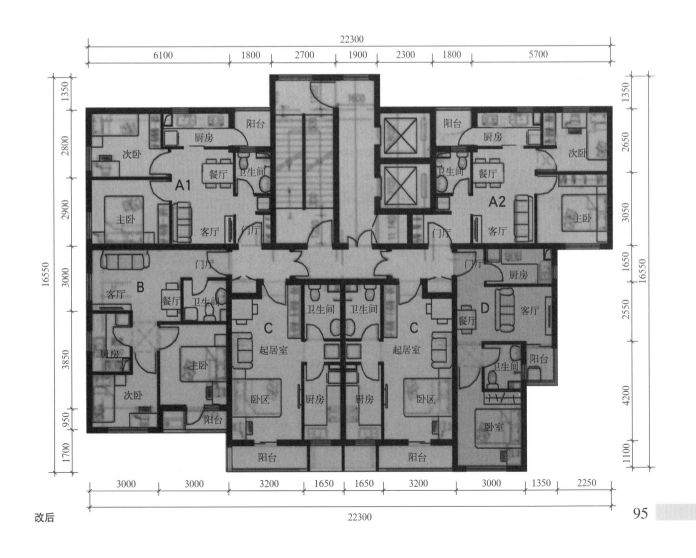

北京朝阳区汇鸿家园
普通公租房 A1 户型

塔式

户型分析：二室一厅一卫的 A1 户型，建筑面积 58.56 平方米，为塔楼的西北户型，两面采光，起居室处于交通通道处，比较局促。

功能布局：主卧室进深较大，可以收缩一些，让给客厅。同时，卫生间内太过拥挤，可以考虑将洗衣机设置在阳台。

改造重点：横移主卧右墙；调整卫生间位置。

首先，将主卧右墙左移 60 厘米，扩大客厅。

其次，卫生间调整到餐厅处，变成明卫。

再次，经厨房出入阳台。

最后，客厅、餐厅和门厅自然分开，比较宽裕。

改造的结果：加大了原本局促的起居室，美中不足的是，明窗被卫生间占用。

改前

改后

北京朝阳区汇鸿家园
普通公租房 A1 户型

塔式

改前

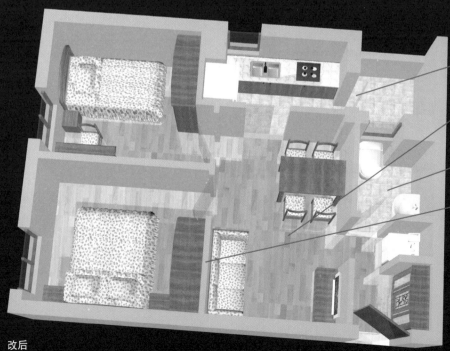

改后

- 经厨房出入阳台。
- 客厅、餐厅和门厅自然分开，比较宽裕。
- 卫生间调整到餐厅处，变成明卫。
- 主卧右墙左移60厘米。

北京朝阳区汇鸿家园
普通公租房 A2 户型

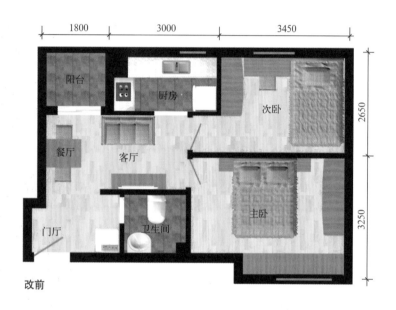

改前

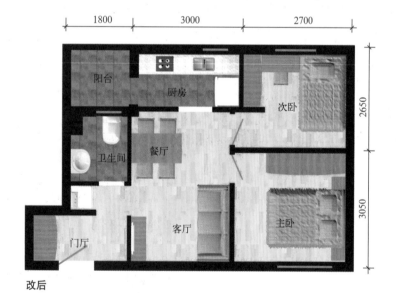

改后

户型分析：二室一厅一卫的 A2 户型，建筑面积 58.56 平方米，为塔楼的中间户型，虽为南北两面采光，但不通透，并且起居室处于交通通道处，比较局促。

功能布局：主卧室开间较大，可以收缩一些，让给客厅。同时，卫生间内太过拥挤，淋浴不能独立。

改造重点：横移主卧左墙；调整卫生间位置。

首先，将主卧左墙右移 60 厘米，偏转床。

其次，卫生间调整到餐厅处，变成明卫，外侧设置洗衣间。

再次，经厨房出入阳台。

接着，门厅中增加衣柜。

最后，客厅、餐厅和门厅自然分开，比较宽裕。

改造的结果：加大了原本局促的起居室，美中不足的是，明窗被卫生间占用。

北京朝阳区汇鸿家园
普通公租房 A2 户型

塔式

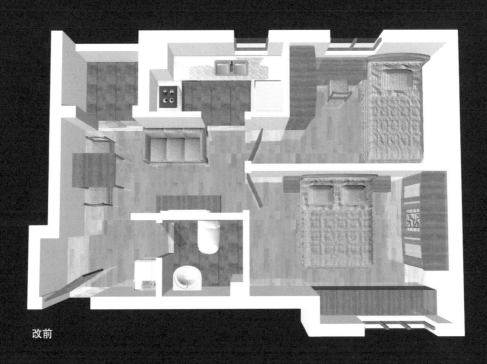

改前

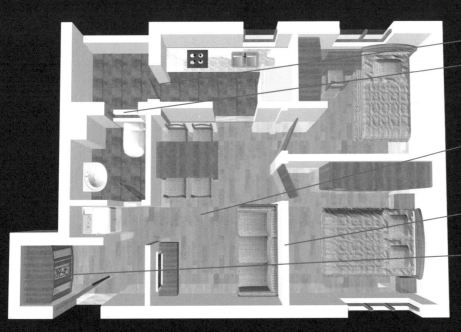

- 经厨房出入阳台。
- 卫生间调整到餐厅处,变成明卫,外侧设置洗衣间。
- 客厅、餐厅和门厅自然分开,比较宽裕。
- 主卧左墙右移60厘米,偏转床。
- 门厅中增加衣柜。

改后

北京朝阳区汇鸿家园
普通公租房C户型

塔式

户型分析：合体一居的C户型，建筑面积43.70平方米，为塔楼的南户型，单面采光，明亮但通风不好。

功能布局：卧区比较均衡，稳定性强，但客厅开间加大很多，有些突兀。

改造重点：偏转卫生间。

首先，将卫生间偏转90度，门与厨房相对，并保持开间相等。

其次，洗衣机设置在两门之间，利用交通转换空间。

再次，餐桌设置在门厅旁。

最后，门厅中增加一组衣柜。

开间整齐划一，集中了交通动线，视觉上也变得舒服了。

北京朝阳区汇鸿家园
普通公租房 C 户型

塔式

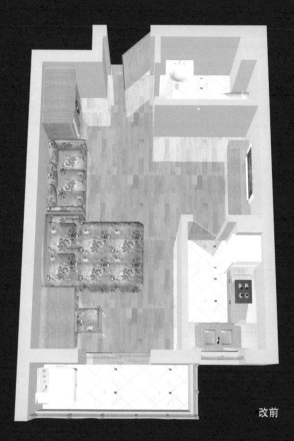

改前

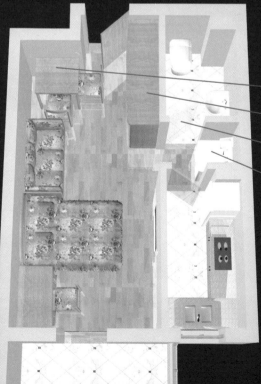

- 餐桌设置在门厅旁。
- 门厅中增加一组衣柜。
- 卫生间 90 度偏转，门与厨房相对，并保持开间相等。
- 洗衣机设置在两门之间，利用交通转换空间。

改后

北京朝阳区汇鸿家园

老年公租房 F 户型

`塔式`

户型分析：二室一卫的 F 户型，使用面积 39.32 平方米，为塔楼的全南户型，单面采光，因考虑方便老年人的行动，各转换空间都比较宽裕。

功能布局：两个卧室面积比较宽裕，但起居部分基本为一过厅，并且厨房无通风窗，只能采用电磁灶。

改造重点：调整卫生间；厨房操作台移至门厅；缩小两个卧室，扩大过厅为起居空间。

首先，将卫生间右墙左移20厘米，重新布置洁具。

其次，厨房调整到门厅处。

再次，下移两个卧室的门。

最后，增加客厅，拐角处设置储藏间。

挤出了客厅，使居住功能大大加强。

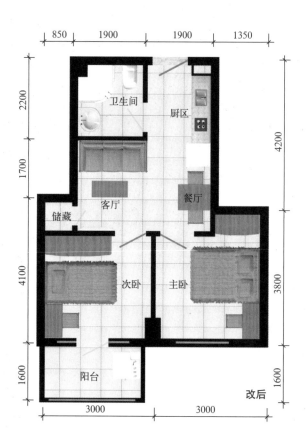

北京朝阳区汇鸿家园
老年公租房 F 户型

塔式

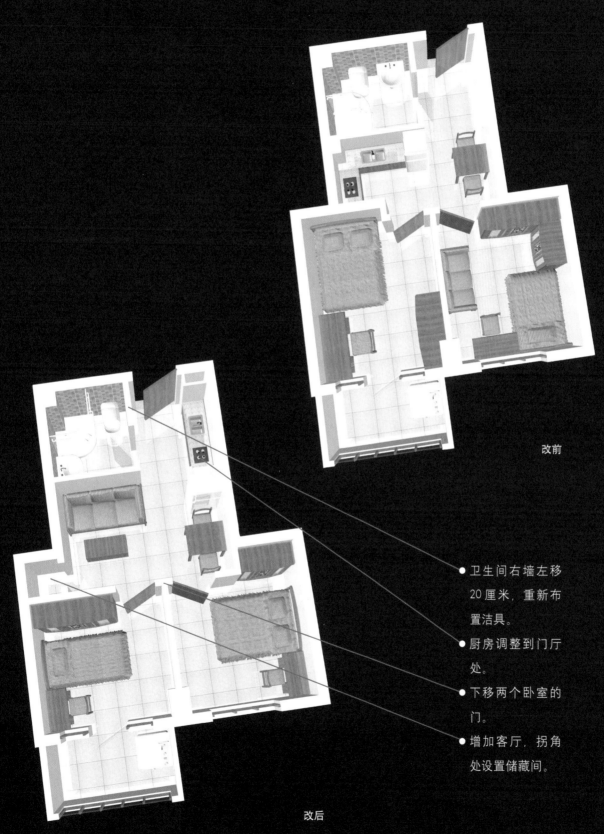

改前

改后

- 卫生间右墙左移20厘米，重新布置洁具。
- 厨房调整到门厅处。
- 下移两个卧室的门。
- 增加客厅，拐角处设置储藏间。

北京门头沟区铅丝厂公租房
A 单元楼层改前

塔式

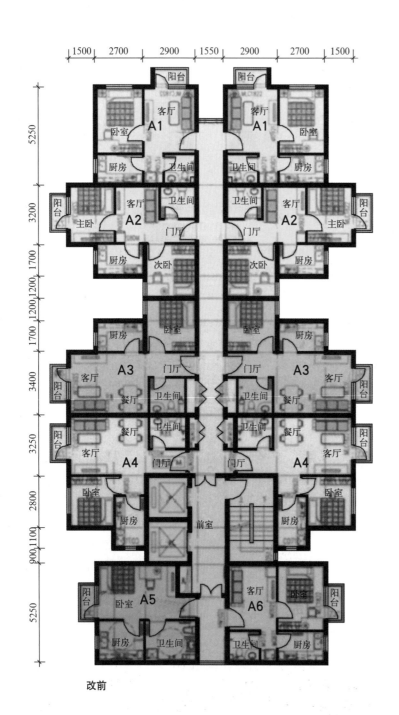

改前

环境氛围：位于北京市门头沟区铅丝厂，北邻崇化寺路，南靠规划的黑山大街北延段，东挨现状泄洪沟。项目总建设用地2.8万平方米，总建筑面积7.8万平方米，容积率2.8，绿地率30%，共1416户。

建设单位：北京军洋鑫业房地产有限公司

原设计单位：北京中天元工程设计有限公司

楼层分析：该单元为纵向对称连体塔楼，两个单元上下对接，每个单元2梯10户，楼面总体比较平衡，但管井过于集中，并且A4户型厨房窗户外侧开槽过窄。

功能布局：A1户型一室一厅一卫，建筑面积40平方米，缺少就餐空间。A2户型二室一卫，建筑面积50平方米，起居部分开间稍小，同样缺少就餐空间。A3户型一室二厅一卫，建筑面积50平方米，户型格局与A2户型一样，简化成一居室。A4户型一室二厅一卫，建筑面积50平方米。A5、A6户型基本一样，一个设计成无障碍合体一居，一个设计成一室一卫，建筑面积均为40平方米。

北京门头沟区铅丝厂公租房
A 单元楼层改后

塔式

改造重点：对调 A2、A3 户型，分开外侧走廊公共管井；A4 户型厨房窗改在侧面，直接对外采光。

A1 户型大门上移，分出餐厅。

A2 户型反转次卧门，留出餐厅的墙面。

A3 户型扩大卫生间，侧墙与卧室取齐。

A4 户型加大起居室开间，卫生间侧墙与卧室取齐。

A5 户型调整家具。

A6 户型上移大门，留出餐厅；卫生间改成干湿分离，增加淋浴间。

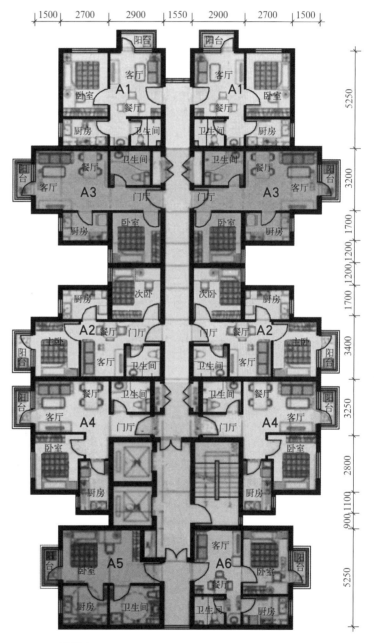

改后

北京门头沟区铅丝厂公租房

A1 户型

`塔式`

　　户型分析：一室一厅一卫的 A1 户型，建筑面积 50 平方米，为纵向塔楼的东北和西北户型，两面采光，卧室可以采用东西向开窗，以获得阳光。

　　功能布局：起居室面积相对宽裕，但缺少餐厅；卫生间淋浴空间局促。

　　改造重点：大门上移，增加餐厅；卫生间改成干湿分离；冰箱移至厨房；偏转床。

　　首先，大门上移与卧室门对齐，设置餐厅。

　　其次，调整卫生间成干湿分离，扩大淋浴间。

　　再次，冰箱移至厨房。

　　最后，卧室床平行窗户摆放。

　　就餐空间虽然不大，但一定要有所安排。

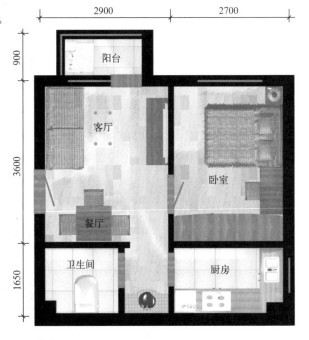

改后

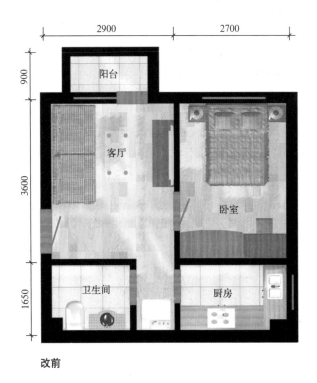

改前

北京门头沟区铅丝厂公租房
A1 户型

塔式

改前

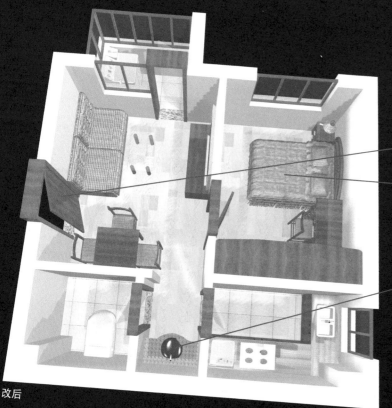

改后

● 大门上移与卧
　室门对齐，设
　置餐厅。

● 卧室床平行窗
　户摆放。

● 调整卫生间成
　干湿分离，扩
　大淋浴间。

北京门头沟区铅丝厂公租房

A2 户型

塔式

户型分析：二室一卫的 A2 户型，建筑面积 50 平方米，为塔楼的中间户型，东西向单面采光，次卧采用开槽开窗，有遮挡夹角。

功能布局：两个卧室面积相对宽裕，但起居室一侧是通道，无法放置餐桌。

改造重点：次卧室门反转开启；厨房门右移，留出餐厅的位置；调整主卧的家具。

首先，次卧门改在左上侧。

其次，厨房门右移，门后放进冰箱。

再次，设置餐桌，对调客厅沙发和电视。

最后，卫生间内调整洁具。

在通道上设置餐桌，要留出一段墙面。

改前

改后

北京门头沟区铅丝厂公租房
A2 户型

塔式

改前

● 卫生间内调整洁具。

● 设置餐桌，对调客厅沙发和电视。

● 次卧门改在左上侧。

● 厨房门右移，门后放进冰箱。

改后

北京门头沟区铅丝厂公租房
A3 户型

塔式

户型分析：一室二厅一卫的 A3 户型，建筑面积 50 平方米，为塔楼的东西向户型，单面采光。该户型与 A2 户型基本一样，只是将两居室设计成一居室，公共管线间占去了卫生间左侧的面积。

功能布局：起居室面积相对宽裕，卫生间淋浴挤在坐便器前，空间局促。

改造重点：扩大卫生间；反转卧室门和家具；右移厨房门。

首先，卫生间右墙右移，与卧室右墙取齐，同时调整洁具。

其次，卧室门改在左下侧，调整家具。

再次，右移厨房门，放进冰箱。

最后，洗衣机设置在阳台。

卫生间要保证洁具三件套的合理空间。

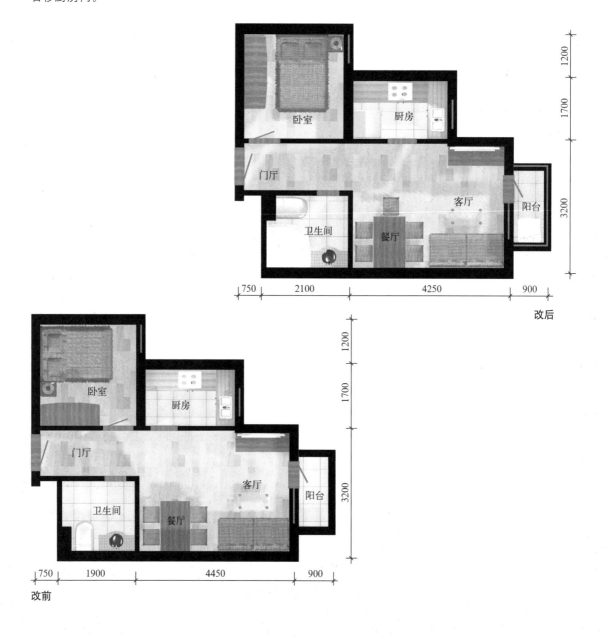

改后

改前

北京门头沟区铅丝厂公租房
A3 户型

塔式

改前

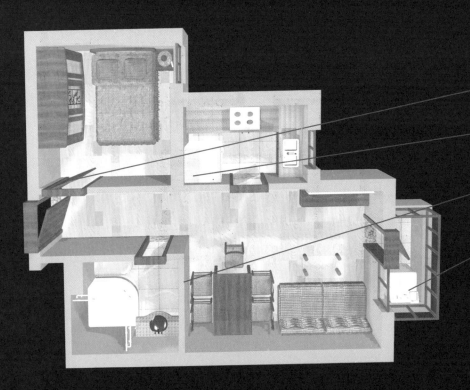

- 卧室门改在左下侧，调整家具。
- 右移厨房门，放进冰箱。
- 卫生间右墙右移，同时调整洁具。
- 洗衣机设置在阳台。

改后

北京门头沟区铅丝厂公租房
C 单元楼层改前

塔式

　　楼层分析：该单元为连体板塔楼，2 梯 4 户，楼面对称，立面造型比较生动。

　　功能布局：C1 户型二室二厅一卫，卧室空间充裕，但起居室过于狭小，配比非常不和谐。C2 户型二室二厅一卫，同样是卧室空间充裕，起居室却非常狭长。

改前

北京门头沟区铅丝厂公租房
C 单元楼层改后

塔式

改造重点：电梯调整到步行梯对面，让出楼座总面宽给 C1 户型起居室和厨房；C1 户型卫生间调整到厨房处；C2 户型卫生间调整到门厅一侧，加大起居室。

C1 户型主卧室扩大进深，厨房调整到客厅一侧。

C2 户型卫生间调整到 C1 户型卫生间位置，弥补电梯管井占用的面积。

调整后，交通部分集中，楼道变短，户型采光面加大。

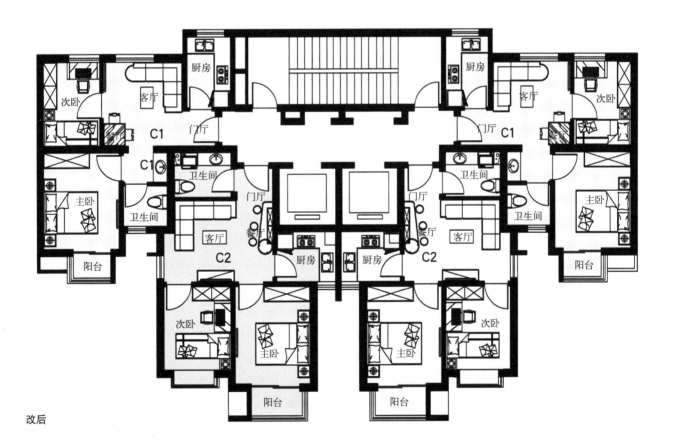

改后

北京门头沟区铅丝厂公租房

C1 户型

塔式

户型分析：二室二厅一卫的 C1 户型，为塔楼的中间户型，虽两面采光，但不通透。

功能布局：卧室面积相对宽裕，但起居室开间过小，大门缺少依靠。

改造重点：厨房移至客厅右侧；卫生间调整至原厨房处；扩大起居室开间；增加主卧进深。

首先，利用电梯调整，将厨房设置在客厅右侧。

其次，调整卫生间成干湿分离的明卫。

再次，增大客厅开间。

最后，增加门厅，使大门有依靠。

虽然户型面积增加了一些，但基本都来自于公摊的楼道。

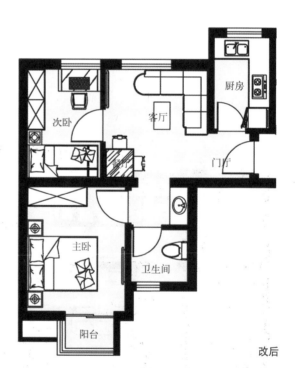

改后

改前

北京门头沟区铅丝厂公租房
C1 户型

塔式

改前

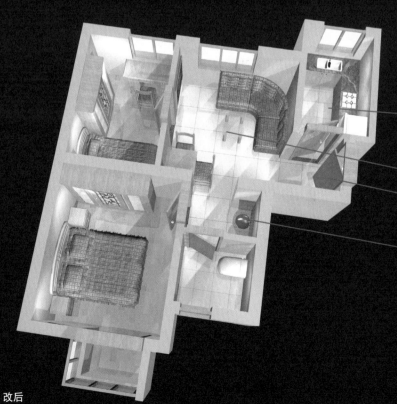

改后

- 利用电梯调整，将厨房设置在客厅一侧。
- 增大客厅开间。
- 增加门厅，使大门有依靠。
- 调整卫生间成干湿分离的明卫。

北京门头沟区铅丝厂公租房

C2 户型

塔式

户型分析：二室二厅一卫的 C2 户型，为塔楼的全南户型，两面采光，起居室窗户对着邻居的飘窗，有遮挡。

功能布局：卧室面积相对宽裕，但起居室开间小，同时，另一户的大门直对着电梯，缺乏私密性。

改造重点：电梯管井占据卫生间的位置，卫生间移至 C1 户型的卫生间处；增大起居室开间。

首先，利用电梯调整，将卫生间设置在 C1 户型卫生间处。

其次，起居室开间增大。

再次，次卧门开在里侧，目的是留出电视墙面给客厅。

最后，厨房橱柜和门反转，留出墙面给餐厅。加大起居室，户型变得更为实用。

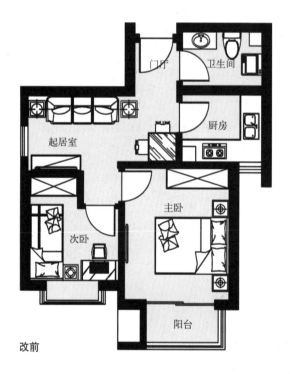

改前

改后

北京门头沟区铅丝厂公租房

C2 户型

塔式

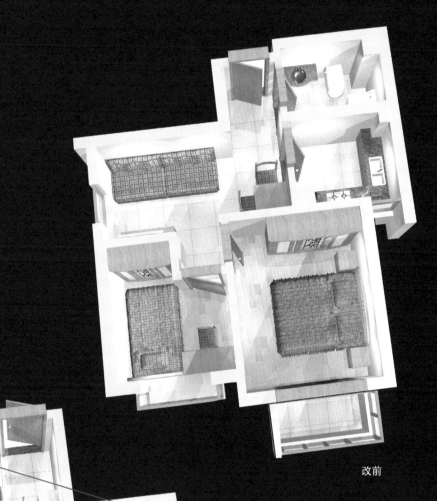

改前

改后

- 利用电梯调整，将卫生间设置在相邻 C1 户型卫生间处。
- 厨房橱柜和门反转，留出墙面给餐厅。
- 起居室开间增大。
- 次卧门开在里侧，目的是留出电视墙面给客厅。

北京门头沟区采空棚户区改造黑山地块
C 单元楼层改前

塔式

环境氛围：位于北京市门头沟区大峪南路北侧，东挨大峪斜街，西至中门寺街，北临黑一路与大峪二小路。项目总建设用地16.6万平方米，总建筑面积59.5万平方米，容积率2.72，绿地率30%，共6486户。

建设单位：北京市门头沟区采空棚户区改造建设中心

原设计单位：北京筑福建筑事务有限责任公司

楼层分析：该住宅为非对称连体塔楼，其中C单元3梯7户，楼面总体比较平衡，但立面开槽较多，体形系数较大。同时，北部楼道有些绕行。

功能布局：C1户型二室二厅一卫，因上端还要连接楼座，所以东、西两面采光，面积配比平衡，但餐厅局促。C2、C5户型为合体一居，格局都比较方正，但卫生间淋浴空间局促。C3户型三室一厅一卫，横向排列造成交通动线偏长，有交叉干扰。C4户型二室二厅一卫，起居室利用开槽采光，并且有阳台遮挡，比较灰暗。C6户型三室二厅一卫，北次卧设在客厅里侧，出入有动静交叉干扰。

北京门头沟区采空棚户区改造黑山地块
C 单元楼层改后

改造重点：取齐建筑外墙，调整电梯管井。

C1 户型对调厨房和客厅，客厅右墙与厨房、次卧取齐。

C2 户型左移厨房和阳台，卫生间和大门对调。

C3 户型左移小次卧，外墙与主卧外墙取齐。

C4、C4 反户型中间纵向结构墙与调整后电梯中间隔墙取齐。

C5 户型厨房门直接对厅，同时加大卫生间。

C6 户型水平反转客厅、厨房和卧室，右移北卧室。

北京门头沟区采空棚户区改造黑山地块
C1 户型

塔式

户型分析：二室二厅一卫的 C1 户型，虽处在塔楼北侧，但因还有楼座联体，所以实际为东西采光。

功能布局：两个卧室比例合理，恰到好处地放置家具。起居部分的餐厅虽然独立，但尺度偏小，餐桌只能倚墙而立。

改造重点：对调厨房和客厅，收缩客厅右墙。

首先，对调厨房和客厅。

其次，大门下移，与厨房下墙取齐。

最后，将客厅右墙收缩，与厨房和次卧外墙取齐。

调整后，结构变得简单，客厅虽收缩，但和餐厅合并，反而变大。尤其大门的下移，占用的是公摊面积，户内动线也得到了简化。

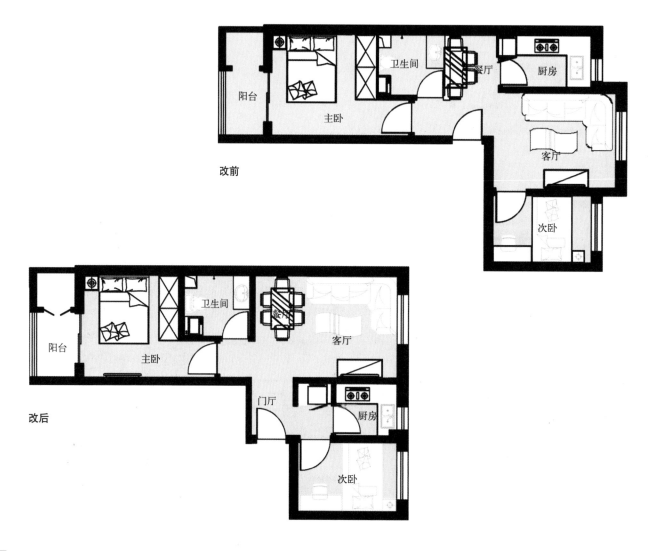

改前

改后

北京门头沟区采空棚户区改造黑山地块
C1 户型

塔式

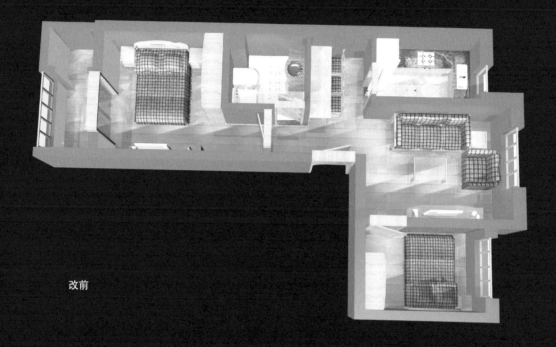

改前

- 客厅右墙收缩，与厨房和次卧外墙取齐。
- 对调厨房和客厅。
- 大门下移，与厨房下墙取齐。

改后

北京门头沟区采空棚户区改造黑山地块

C2 户型

塔式

户型分析：合体一居的 C2 户型，处在塔楼西向，因要遮挡起居区并通往厨房，增加了一堵隔墙。

功能布局：开间尺度规矩、实用，但缺少就餐区域，且卫生间淋浴空间局促。结合公共楼道调整，卫生间与大门对调，去掉隔墙，加大起居区。

改造重点：卫生间与大门对调，门开向门厅；阳台左移，扩大厨房。

首先，将卫生间调整到上端，门朝向门厅。

其次，卫生间内坐便器偏转，留出淋浴的位置。

最后，阳台左移 60 厘米，扩大厨房。

调整后，去掉了隔墙，扩大了有限的起居区，增加了餐桌。

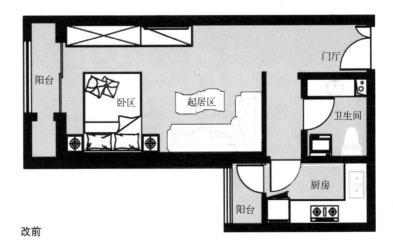

改前

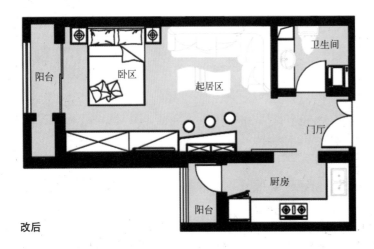

改后

北京门头沟区采空棚户区改造黑山地块
C2 户型

塔式

改前

● 卫生间内坐便器偏转，留出淋浴的位置。

● 卫生间调整到上端，门朝向门厅。

● 阳台左移60厘米，扩大厨房。

改后

北京门头沟区采空棚户区改造黑山地块
C6 户型

塔式

户型分析：合体一居的 C6 户型，处在板塔楼南北向的板楼部分，因厨房设置在里侧，并且北次卧出入要穿过客厅，动静干扰大。

功能布局：客厅开间局促，同时就餐区域狭小，且卫生间淋浴空间局促。结合公共楼道调整，厨房与两个卧室对调，加大厅。

改造重点：厨房与次卧对调；餐厅增加隔墙；扩大厨房。

首先，将两个次卧调整到厨房处。

其次，扩大客厅开间。

再次，扩大厨房开间。

最后，餐厅右侧增加隔墙。

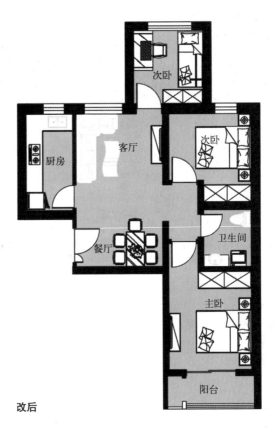

改后

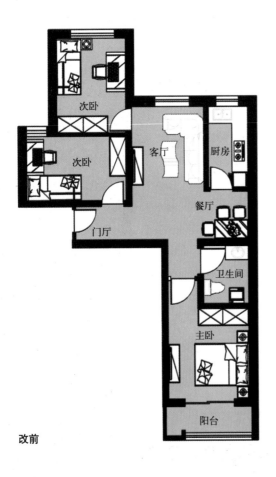

改前

北京门头沟区采空棚户区改造黑山地块
C6 户型

塔式

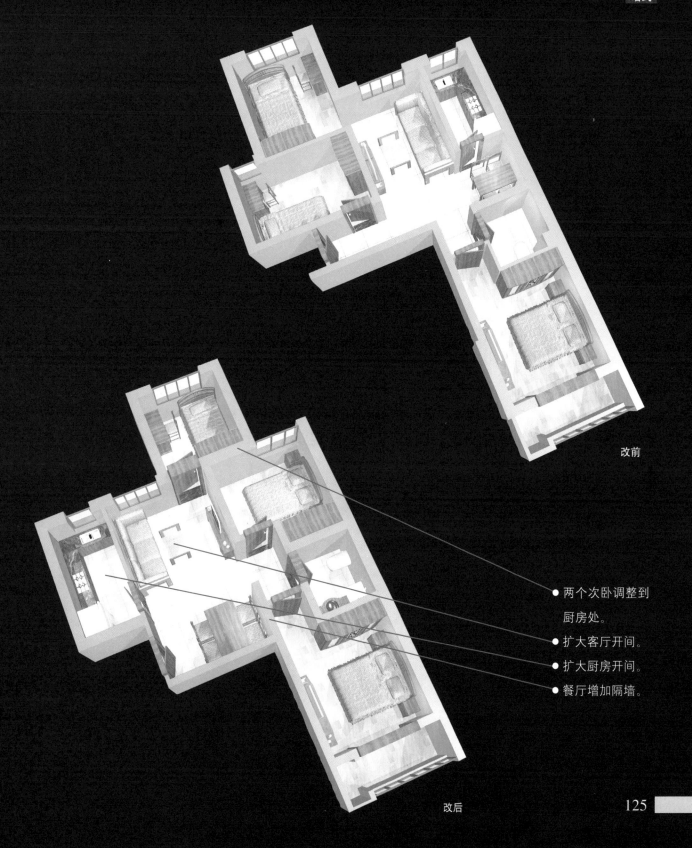

改前

改后

- 两个次卧调整到厨房处。
- 扩大客厅开间。
- 扩大厨房开间。
- 餐厅增加隔墙。

北京沙河高教园区住宅
Z-1 楼层改前

塔式

环境氛围：位于北京市昌平区沙河高教园区，东挨三路，西至西四路，北临高教园路。项目总建筑面积 14 万平方米，容积率 2.5，绿化率 30%。

建设单位：北京罗顿沙河房地产开发总公司

原设计单位：中国建筑设计研究院

楼层分析：该塔楼 3 梯 8 户，对称布局，立面稳重、大方，只是北侧大凹槽较深。另外，A1 户型的卫生间凸出，虽然能使立面生动，但对保温和结构产生影响，不利于节约成本。

功能布局：A1 户型一室一厅一卫，客厅开间局促，厨房过于狭小。A2 户型实际上是大开间的合体一居，墙面的凹凸处理有些多余。B1 户型二室一厅一卫，两面采光，起居室的餐厅和客厅交织在一起，使用干扰较大，同时卫生间分离设置，虽然可分开使用，但面积会受到影响。B2 户型二室一厅一卫，全南采光，同样，卫生间分离设置，面积会受到影响，并且客厅和餐厅无采光。

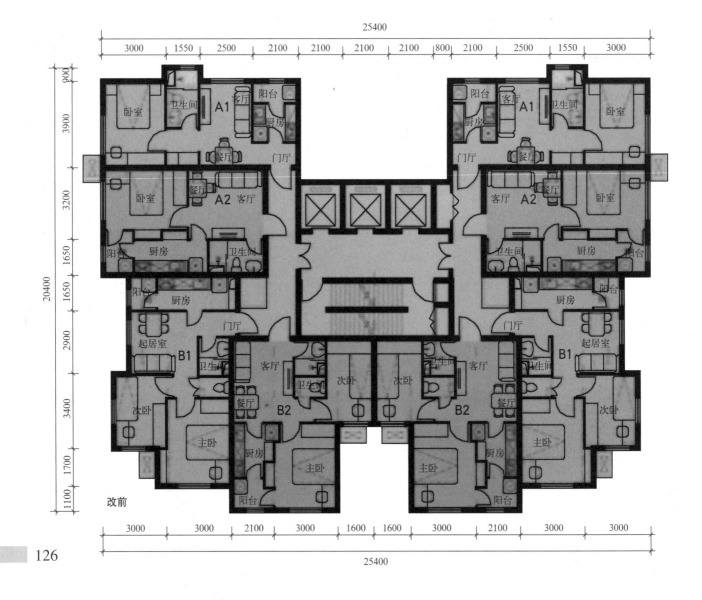

改前

北京沙河高教园区住宅
Z-1 楼层改后

　　改造重点：下移 B1 户型，南侧外墙与 B2 户型取齐。下移 A2 户型北侧结构墙，与电梯外墙取齐。楼座总进深减少 2.2 米。

　　A1 户型北侧外墙拉直并缩短进深，厨房加大并与邻居相接。

　　A2 户型拉直厨房和卧室之间的墙面。

　　B1 户型向外横移厨房和阳台，与 A2 户型取齐，同时增加餐厅。

　　B2 户型合并卫生间。

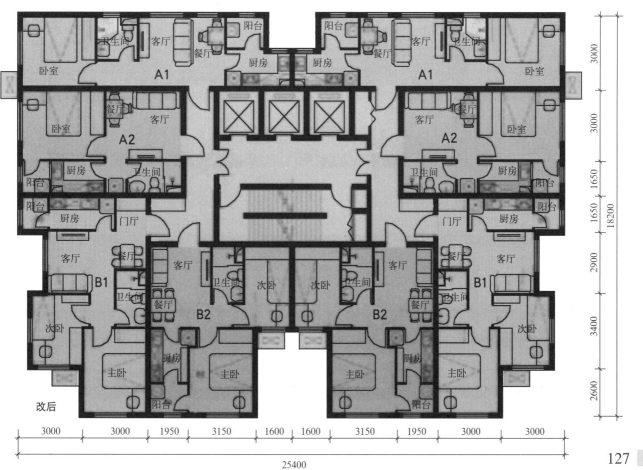

改后

北京沙河高教园区住宅
A1 户型

塔式

户型分析：一室一厅一卫的 A1 户型，为塔楼的东北和西北户型，两面采光。户型进深设计相同，起居室面积不足，卧室开间有些富裕，而因为要留出门厅和阳台，则使厨房显得过短。

功能布局：卧室开间大于进深，衣柜只能设置在床尾，不符合正常习惯。卫生间门口设置衣柜，使得淋浴间凸出外墙，不利于保温和减化结构。起居室面积稍小。厨房虽有双排橱柜，但仍显不足。

改造重点：户型总进深缩短，总面宽加大，北侧外墙取直。

首先，将户型总进深缩短 180 厘米。

其次，卧室增加进深，衣柜平行床摆放。

再次，卫生间取方，重新布置洁具。

接着，起居室客厅和餐厅横向设置。

最后，厨房横向设置。

改造后，面积变化不大，但户型进深缩短了180 厘米，并且也使得楼座北侧的凹槽大大减小。

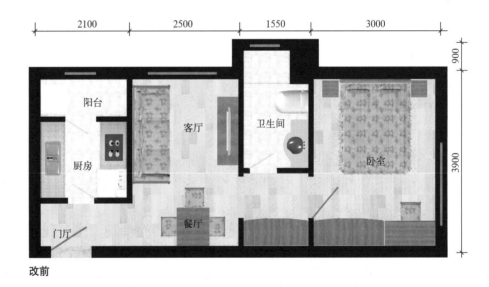

改前

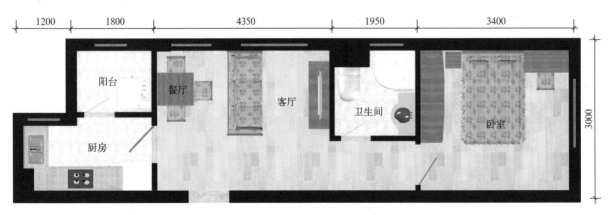

改后

北京沙河高教园区住宅
A1 户型

塔式

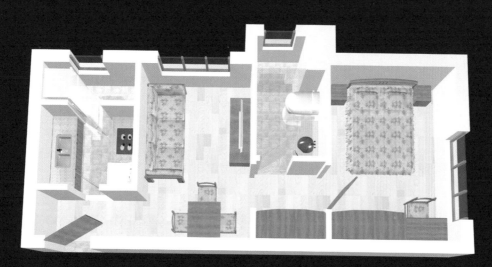

改前

- 厨房横向设置。
- 起居室客厅和餐厅横向设置。
- 卫生间取方，重新布置洁具。

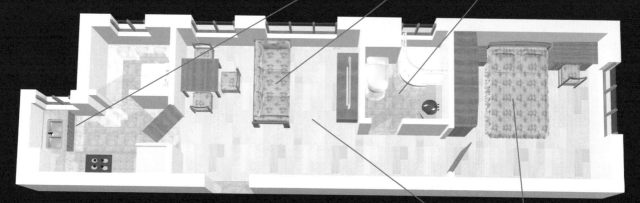

改后

- 卧室增加进深，衣柜平行床摆放。
- 户型总进深缩短180厘米。

北京沙河高教园区住宅

A2 户型

塔式

　　户型分析：合体一居的 A2 户型，为塔楼的东西户型，单面采光，虽然有隔墙，实际为标准的大开间设计。

　　功能布局：卧室和厨房墙面的凹凸设计，虽然能增大卧室的开间和厨房的橱柜，但看起来比较别扭。

　　改造重点：取直卧室和厨房之间的墙面，改开厨房和卫生间的门。

　　首先，将卧室和厨房之间的墙面取直。

　　其次，右移 10 厘米餐厅右墙，厨房门改在侧面，门外是冰箱。

　　最后，卫生间门改成对着厨房门，重新布置洁具。

　　厨、卫门集中设置，集中了动线。

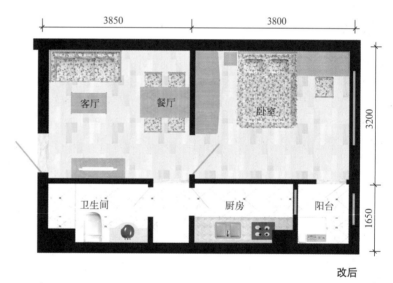

改后

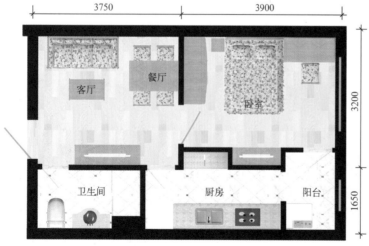

改前

北京沙河高教园区住宅
A2 户型

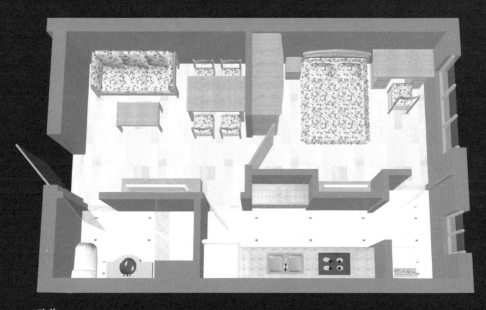

改前

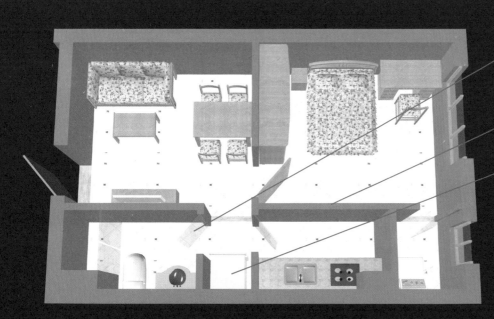

- 卫生间门改成对着厨房门，重新布置洁具。
- 卧室和厨房之间的墙面取直。
- 厨房门改在侧面，门外是冰箱。

改后

北京沙河高教园区住宅

B1 户型

塔式

户型分析：二室一厅一卫的 B1 户型，为塔楼的东南和西南户型，两面采光，整体明亮。主卧室右墙有一折角，意义不大，可以考虑将右下端外墙收缩取齐。

功能布局：两个卧室比例适宜，只是厨房和阳台外移，与 A2 户型对齐，改开大门，目的是增加餐厅。

改造重点：主卧右墙取直；右移厨房和阳台；上移大门，设置衣柜；增设餐厅；卫生间合并。

首先，将主卧右墙外墙部分收缩，与内墙取直。

其次，厨房和阳台右移，与 A2 户型阳台对齐。

再次，上移大门，门后设置衣柜。

接着，增设餐厅。

最后，卫生间干湿合并，重新布置洁具。

面积有限的情况下，卫生间尽量不作分离，以保持相对充裕的空间。

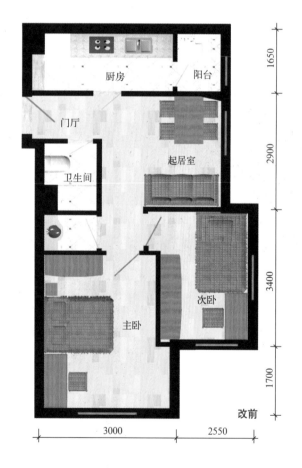

改前

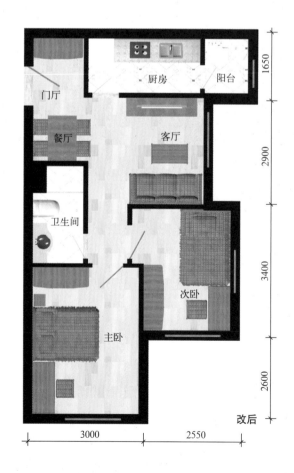

改后

北京沙河高教园区住宅

B1 户型

塔式

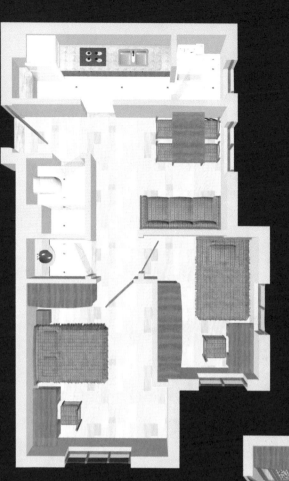

改前

改后

- 厨房和阳台右移，与相邻 A2 户型阳台对齐。
- 上移大门，门后设置衣柜。
- 增设餐厅。
- 卫生间合并干湿间，重新布置洁具。
- 主卧右墙外墙部分收缩，与内墙取直。

北京沙河高教园区住宅

B2 户型

塔式

户型分析：二室一卫的 B2 户型，为塔楼的全南户型，单面采光。虽然有个起居室，但无独立的采光窗，一般算作无厅的两居室。

功能布局：主卧室开间够用，右侧设置嵌入式衣柜的必要性不大，卫生间要考虑合并使用。

改造重点：主卧右墙取直；合并卫生间。

首先，将主卧右墙右移 15 厘米并取直。

其次，厨房左侧设置一排 30 厘米的窄橱柜，用于白色小家电。

最后，卫生间干湿间合并，重新布置洁具。

厨房白色小家电日益增多，增设窄橱柜很有必要。

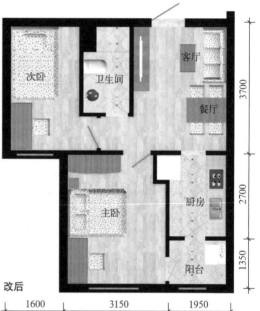

北京沙河高教园区住宅
B2 户型

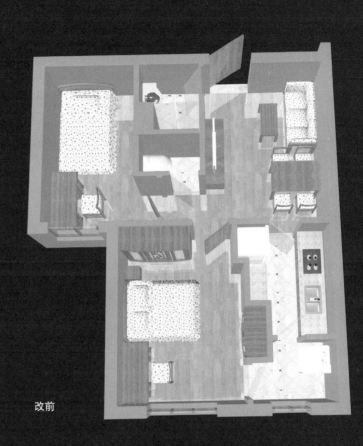

改前

● 卫生间合并，重新布置洁具。

● 主卧右墙右移15厘米并取直。

● 厨房设置一排30厘米的窄橱柜，用于白色小家电。

改后

标准模块篇

空间的组合

篇前语

以政府为主导的公共租赁住房建设，非常适于住宅产业化的全面实施，对于规范其建设机制，推动新型建筑材料、节能环保设备的使用，提高建设质量和效率，有着重要的意义。因此，户型采用模块化设计，根据不同形式的楼栋进行组合，是降低成本、保证质量的有效途径。一般来说，通过户型模块组合的楼栋有如下种类：

"1"字形和"一"字形

"1"字形主要为东西向通廊式住宅楼栋，"一"字形主要为南北向通廊式住宅楼栋，这两种类型都可在总平面中独立布置，所不同的是，"1"字形因为是东西向，户型一般对称布局，而"一"字形因为是南北向，北侧通常为通廊或者少量的厅室合一的合体一居或小一居室。

作为主要通道的走廊为封闭廊，当楼栋标准层户数较多时，在走廊中设置可开启的窗扇，增强公共空间的自然通风、采光能力，走廊通道一般净宽不小于1.3米。公共走廊还要为管线明敷预留条件，其梁底净高不小于2.3米，吊顶后局部净高不小于2.1米，其他空间净高不小于2.2米。

"口"字形和"U"字形

"口"字形为塔式住宅及其变体，"U"字形为通廊式住宅及其变体，这两类在总平面中基本都是独立布置的。

为提高容积率，通常都要加大楼体进深，通过开凹槽使加大进深的套型得到一定的通风、采光，但有时凹槽过深过大，占地增多，立面缺乏美感，同时也会增加结构成本。

"L"形

"L"形主要为带有转角的通廊式住宅及其变体，在总平面中可独立布置，也可和"1"字形和"一"字形楼栋拼接。

当楼栋户型以厅室合一的合体一居为主时，电梯服务户数按照120～140户／梯进行配置，其他户型按照90～100户／梯进行配置。当楼栋设计一个交通核时，标准层户数不宜超过16户。

合体一居

标准的一居室是一室一厅，不管是过去的室大厅小，还是现在的室小厅大，就寝与起居、就餐都是分在不同的带有采光面的空间里。为了缩小面积、扩大空间和降低造价，公共租赁住房中有些是将卧室和起居室合二为一的"合体一居"，这种户型介乎于迷你一居和标准一居之间，面积大致为 30 ～ 40 平方米。

合体一居与迷你一居

两者的相似之处是卧室和起居室共用一个厅，只是面积有大小之分。所不同的是，前者的厨房拥有一个独立采光、通风窗口，或者一个较大面积的独立厨务区，而后者则缺乏独立的采光窗口，仅能使用简单的电磁灶，并且与门厅、餐厅等其他空间交叉共用。从公共租赁住房的使用人群方面来讲，大多为中低收入，对住宅运行费用比较敏感，同样的烹饪，电费较之燃气费要贵一些，因此应尽量避免使用电磁灶。

合体一居与标准一居

合体一居采用的是厅室"合体"、功能分区的方式，即卧室和起居室合二为一，划分出不同的区域；而标准一居是卧室与起居和就餐分别设置在不同的带有采光、通风的空间里，具体而言，就是卧室、起居室和厨房各自拥有窗户，并且用隔墙分离。

合体一居与酒店式一居

酒店式一居是酒店式公寓中最常见的户型，因为要在小面积中实现多种功能，室内空间布置灵活，所以多以合体一居的形式出现，也就是既要保证有酒店标准间的格局，酒店式的装修和服务，又要适时增加烹饪功能，体现出公寓的特质。合体一居多出现在公寓和普通住宅中，虽然户型很像酒店式公寓，但建筑材质、装修标准以及管理和配套等，都要与酒店式公寓相差不少，尤其是公共租赁住房。

北京市公共租赁住房设计指南

B1-1 户型

原设计单位：北京市公共租赁住房发展中心
国家住宅与居住环境工程技术
研究中心

户型分析：B1-1 户型为大开间的合体一居，建筑面积 37.33 ～ 40.83 平方米，模块尺度为 4.6 米 ×6.4 米。卫生间和厨房沿进深方向布置，形成纵向管线区，好处是 1.53 平方米的过道解决了厨卫门和洗衣机的设置。

功能布局：厨房尺度适宜，可以考虑将阳台设置在卧区处，将橱柜变成"L"形，增加操作台面。双人床靠墙放置，成为了"炕"，使用起来非常别扭。另外，卫生间淋浴和坐便器有冲突，使用不便。

改造重点：偏转床；增加小衣柜；对调客区

和餐区；卫生间增加独立淋浴间；冰箱放置在厨卫之间；洗衣机设置在阳台。

首先，偏转床，符合正常使用习惯，保证两人从两侧上床而互不干扰。

其次，缩小集中管井区，增加门厅衣柜。

再次，对调客区和餐区，改成三人沙发。

接着，卫生间调整管道和洁具，设立独立淋浴间。

然后，冰箱放置在厨卫之间。

最后，洗衣机设置在封闭阳台上。

两户合用集中管井区，尺度可以适当缩小，让出空间设置小门厅衣柜。卫生间的管线和风道可以设置在坐便器后，节约墙面，而洗衣机则应充分利用封闭阳台。

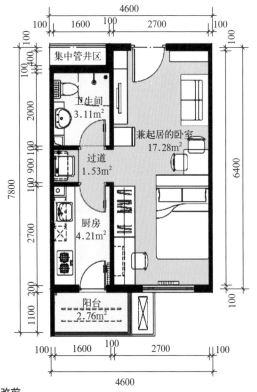

改前

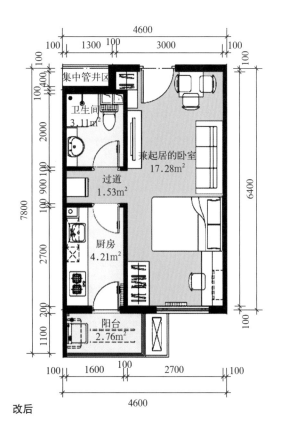

改后

北京市公共租赁住房设计指南
B1-1 户型

合体一居

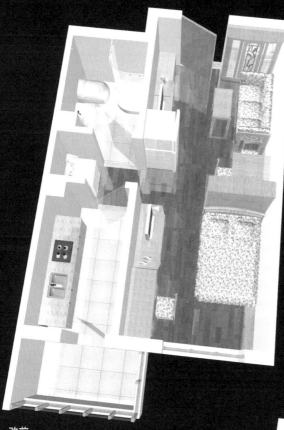

改前

改后

- 缩小集中管井区，增加衣柜。
- 卫生间调整管道，设立独立淋浴间。
- 对调客区和餐区。
- 冰箱放置在厨卫之间。
- 偏转床，符合正常使用习惯，保证两人从两侧上床而互不干扰。
- 洗衣机设置在封闭阳台。

北京市公共租赁住房设计指南

A1-1 户型

合体一居

户型分析：A1-1 户型为大开间的合体一居，建筑面积 29.50～32.27 平方米，模块尺度为 3.7 米×6.6 米。户型基本采用酒店式公寓的 LDK 设计模式，因厨区无采光窗户，只能使用电磁灶。

功能布局：卧区尺度适宜，只是缺少客区，居住起来略有不便。同时，卫生间内淋浴和坐便器有冲突。

改造重点：结合橱柜设计餐桌；设置沙发；调整卫生间；增加门厅衣柜。

首先，结合橱柜设计出拐角餐桌，冰箱放置在门口。

其次，安置双人沙发，形成客区。

再次，调整卫生间，淋浴间独立。

接着，缩小集中管井区，设置门厅衣柜。

最后，洗衣机设置在阳台。

结合开放式橱柜设置餐桌，既实用又时尚。

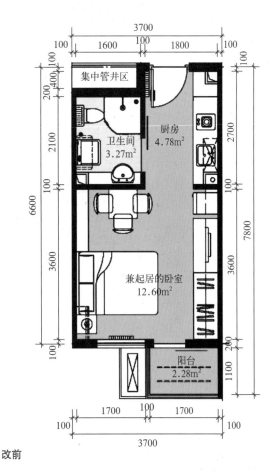

改前

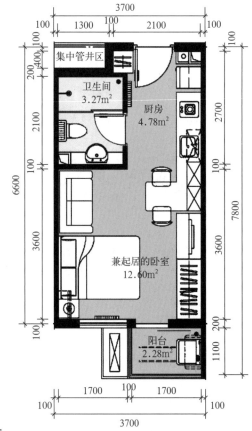

改后

北京市公共租赁住房设计指南
A1-1 户型

合体一居

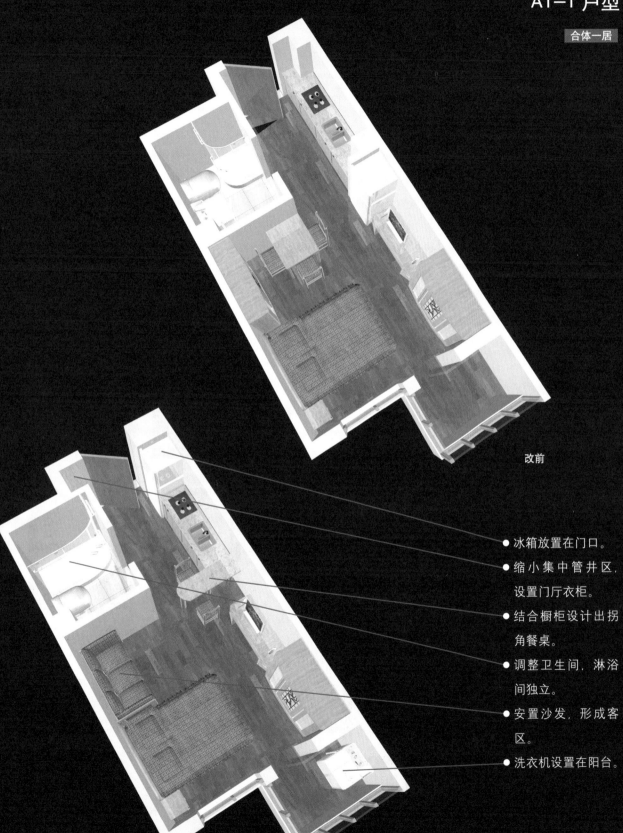

改前

改后

- 冰箱放置在门口。
- 缩小集中管井区，设置门厅衣柜。
- 结合橱柜设计出拐角餐桌。
- 调整卫生间，淋浴间独立。
- 安置沙发，形成客区。
- 洗衣机设置在阳台。

北京市公共租赁住房设计指南

A2-1 户型

合体一居

户型分析：A2-1 户型建筑面积 33.49 平方米，模块尺度为 4.6 米 ×5.8 米。虽然卧室和起居部分用墙隔开，但开放的餐厨区与门厅合在一起，实际相当于大开间的合体一居。

功能布局：卧室尺度宽裕，并且两面采光，可以适当分割。餐厨区堵在门厅，有些别扭，可以适当调整。

改造重点：隔出独立厨房；卫生间进行干湿分离；客区改成卧室；餐厨区改成起居室。

首先，在卧室增加隔墙，与卫生间左侧墙取齐，右边为独立厨房。

其次，卧室下墙适当上移，隔出独立卧室。

再次，卫生间干湿分离。

接着，餐厨区改成起居室，分出餐厅和客厅。

然后，左移大门，右侧设置衣柜。

最后，洗衣机设置在阳台。

厨房、起居室和卧室的相互独立，符合正常的居住习惯，形成了标准的一室一厅格局。

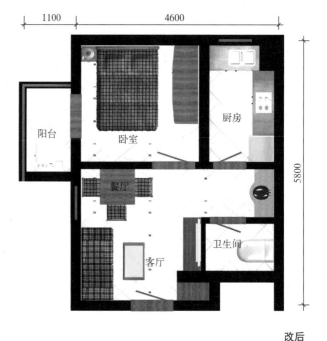

改后

改前

北京市公共租赁住房设计指南
A2-1 户型

合体一居

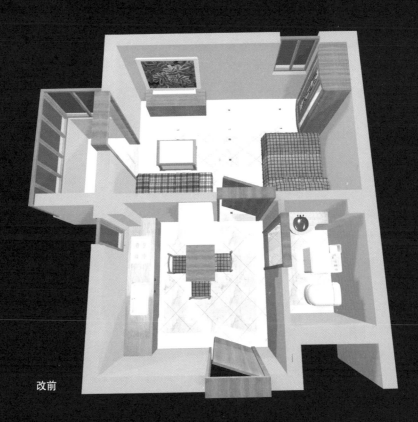

改前

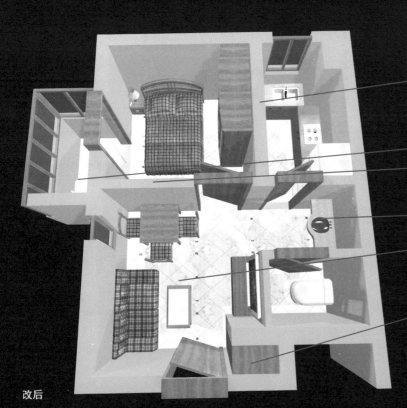

改后

- 卧室增加隔墙，与卫生间取齐，右边为独立厨房。
- 洗衣机设置在阳台。
- 卧室下墙适当上移，隔出独立卧室。
- 卫生间干湿分离。
- 餐厨区改成起居室，分出餐厅和客厅。
- 左移大门，右侧设置衣柜。

公共租赁住房优秀设计方案
03 号方案（改造前）

合体一居

原设计单位：中国建筑标准设计研究院等26 家单位

楼层分析：03 号方案为反"L"形楼,1 梯 7 户,由建筑面积 36.53 平方米的 A 户型、42.87 平方米的 B 户型和 51.56 平方米的 C 户型组成。所有户型模块由长走廊连接,整齐划一,但致命的弱点是所有户型的厨房窗都直接对着走廊,通风不好,邻居间相互串味,并且私密性较差。

功能布局：A、B 户型格局基本相同,均是客厅和卧室在外侧采光面,而厨卫在里侧靠近走廊,这样虽然满足了主要空间的采光,但却留下了致命的弱点：厨房窗对着公共走廊通风。不同的是，A 户型总开间 4.1 米，划分为两个开间非常局促，B 户型总开间 4.8 米，划分为两个开间稍好一些。两个户型还有致命的弱点：双人床靠墙摆放如同"炕"，上下非常不便；沙发和电视距离仅 1 米多，如同看电脑。C 户型两面采光，空间配比则要好得多，可以调整的是将厨房和卫生间对调，这样就可以使厨房直接对外采光。

公共租赁住房优秀设计方案
03号方案（改造后）

合体一居

改造重点：所有户型厨房直接通风、采光。

03-A、03-B户型厨房调整到卫生间一侧，直接对外采光，冰箱设置在厨房内，卫生间采用干湿分离。隔离卧室和起居室：卧室内偏转床；起居室家具换成三人沙发和四人餐桌。

03-C户型厨房和卫生间对调，使厨房直接对外采光。

改后

公共租赁住房优秀设计方案

03-B 户型

合体一居

户型分析：03-B 户型为大开间的合体一居，建筑面积42.87平方米，模块尺度为4.8米×7.2米。卫生间和厨房沿开间方向布置，形成横向管线区，虽然能与门厅共用转换空间，但厨房窗户对着走廊通风，污染公共环境的同时，私密性也得不到保障。

功能布局：冰箱设在餐厅里侧，使用非常不便。卧室半通透，不够私密，同时，床靠墙成了"炕"。起居室餐厅和客厅纵向分割进深，除了原有的纵向交通通道外，又增加了两条横向的交通通道，使得客厅沙发与电视距离过近，餐厅局促。

改造重点：厨房和卫生间调整到左侧；隔离卧室和起居室。

首先，厨房下移，直接对外采光，同时纳入冰箱。

其次，卫生间调整到厨房上端，调整开间与厨房一致，重新布置洁具。

再次，厨卫门之间设置洗手台。

接着，隔出独立卧室。

然后，偏转床，旁边放置书桌。

最后，起居室沙发变成三人的，餐桌变成四人的。

改造后，虽然起居室不能直接采光，但保证了厨房直接对外通风，同时，卧室和起居室的开间和进深变得和谐，家具的摆放也更人性化。

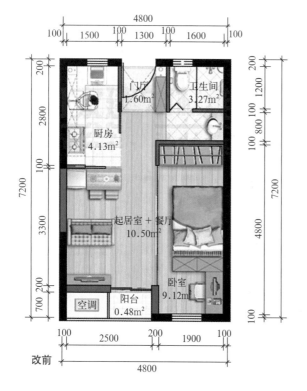

改前

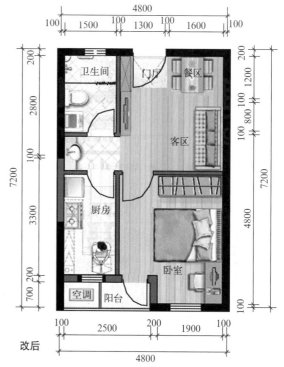

改后

公共租赁住房优秀设计方案
03-B 户型

合体一居

改前

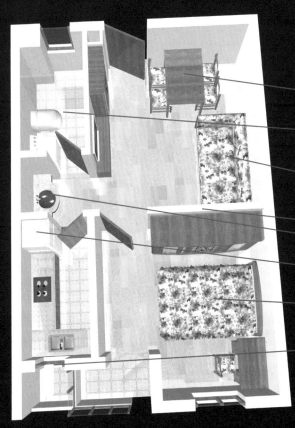

- 餐桌变成四人的。
- 卫生间调整到厨房上端，调整开间与厨房一致，重新布置洁具。
- 起居室沙发变成三人的。
- 隔出独立卧室。
- 厨卫门之间设置洗手台。
- 纳入冰箱。
- 偏转床，旁边放置书桌。
- 厨房下移，直接对外采光、通风。

改后

一居室

一居室是公共租赁住房的代表，也是建设的热点。除了市场上为缩小面积而将厅室合一的"合体一居"（居室中除厨卫外，只拥有一个窗户或阳台的采光面）外，标准的一居室应为一室一厅，即卧室和起居室各有窗户和阳台，这样才能保证居住的品质。一居室的精巧性在于：小面积仍要满足多功能，除了基本的就餐、洗浴、就寝和会客外，在寸土寸金的面积中，适时增加读书、休闲等功能，达到"麻雀虽小，五脏俱全"。

相互借用区域

标准的一居室公共租赁住房面积为40平方米左右，虽然不大，但居住的基本功能和普通商品房户型相比，不应该有太大的差异，在设计和改造中，其面积的取舍要做到既保证功能又最经济，尽量减少浪费，即：经济而不局促。如户门外走廊宽1.5米，户内终端走廊宽1.2米；起居室短边不小于2.7米，电视和沙发的距离不小于2.4米；双人卧室不小于9平方米，单人卧室不小于5平方米；卫生间不小于2.5平方米；厨房不小于4平方米等。这些功能区域的面积看起来并不算大，但若划分明确地设计在一个40平方米左右的套型中，已经捉襟见肘，更不要说适时地增加阳台、洗衣间等次要空间了。因此，在精巧的公共租赁住房中，功能区域有时要相互借用，局部产生交叉，如餐厅和门厅，书房和卧室，阳台和洗衣机等，尽可能在小空间内融入多种功能。

自如转换空间

一居室基本属于过渡性住宅，设计时要考虑到未来的改造，如一分为二、合二为一等。对于青年用户，可以将一个套型一分为二，起居室改成另一个卧室，两户共用厨房和卫生间。对于家庭人口多的用户，可以将两个套型合二为一，或者将三个套型拆开改成两个大一些的套型。

实现住宅的适用性和可变性功能需要注意：

一是厨房、卫生间、户门在套型中的位置固定不变，户内隔墙可拆改；

二是分户墙预留门洞，为相邻套型再组合提供方便。

151

北京市公共租赁住房设计指南

B2 户型

一居室

原设计单位：北京市公共租赁住房发展中心
国家住宅与居住环境工程技术
研究中心

户型分析：B2 户型一室一卫，建筑面积 38.61～42.23 平方米，模块尺度为 5.4 米 ×6.6 米。厨房采用开放式设计，与餐厅、门厅合在一起，卧室和起居室则占据独立空间。如果在厨房增加一道隔墙，那么，设计就与 20 世纪七八十年代的有室无厅或仅有过厅的套型相差无几。

功能布局：厨房拥有采光窗，但"一"字形橱柜的操作台面偏短。床靠墙成"炕"，并且床尾堵着沙发，很不好用。同时，电视悬空摆放，视觉上也很别扭。另外，卫生间内淋浴和坐便器有冲突，使用不便。

改造重点：隔出厨房；独立卧室；原餐厨区改成起居室；调整卫生间。

首先，在书桌处增加隔墙，缩小窗户，隔出独立厨房，橱柜设计成"L"形。

其次，冰箱放置在厨房外。

再次，卧室独立，床平行于窗户摆放。

接着，原餐厨区改成起居室，门后设置小衣柜。

然后，卫生间调整管道，设立独立淋浴间。

最后，洗衣机设置在阳台。

调整后功能分区明确，变成了标准的一室一厅一卫。

改前

改后

北京市公共租赁住房设计指南
B2 户型

一居室

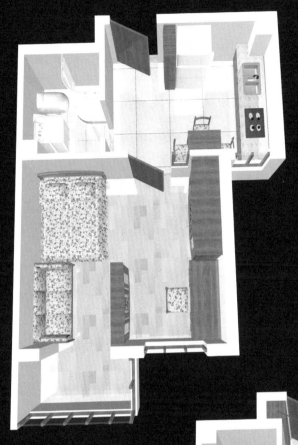

改前

改后

- 门后设置小衣柜
- 原餐厨区改成起居室。
- 冰箱放置在厨房外。
- 卫生间调整管道，设立独立淋浴间。
- 卧室独立，床平行于窗户摆放。
- 书桌处增加隔墙，隔出独立厨房，缩小窗户，橱柜设计成"L"形。
- 洗衣机设置在阳台。

北京市公共租赁住房设计指南

C1–1 户型

一居室

户型分析：C1–1户型为一室一厅一卫，建筑面积46.80～51.19平方米，模块尺度为6.4米×6.6米。卫生间和厨房纵向排列，易于布置管线。卧室为开槽内的半采光，有遮挡夹角。起居室内留出单人床的位置，以满足三口之家的需要。

功能布局：由于厨房留出了阳台门，所以橱柜只能是"一"字形，若变成"L"形，可以考虑将阳台门设置在兼起居的卧室。双人卧室内，床靠墙成为了"炕"，两人上下不便，并且床尾对着窗户，不符合正常的生活习惯。另外，单人卧室与起居室混合，可以考虑增加窗户，便于分割时，各自直接采光。

改造重点：厨房门改在冰箱下端；卫生间改变比例，调整洁具；双人卧室偏转床；门厅内增加小衣柜；起居室内对调卧区和餐区，增加小窗户；洗衣机设置在阳台。

首先，下移厨房门，门外放置冰箱。

其次，卫生间右移右墙，上移下墙，改变比例，重新布置洁具。

再次，双人卧室偏转床，平行于窗户。

接着，右移大门，门厅内增加小衣柜。

然后，对调卧区和起居区，右上角增加小窗户。

最后，洗衣机设置在阳台。

对于两种功能合用的居室，尽量采用双窗，这样两个空间隔开时，各自拥有采光窗。

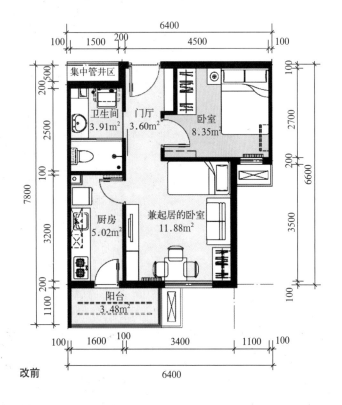

改前

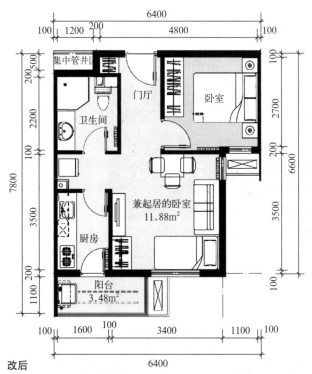

改后

154

北京市公共租赁住房设计指南
C1-1 户型

一居室

改前

- 右移大门，门厅内增加小衣柜。
- 卧室偏转床，平行于窗户。
- 卫生间右移右墙，上移下墙，改变比例，重新布置洁具。
- 对调卧区和起居区，右上角增加小窗户。
- 下移厨房门，门外放置冰箱。
- 洗衣机设置在阳台。

改后

公共租赁住房优秀设计方案
01号方案（改造前）

一居室

原设计单位：中国建筑标准设计研究院等26家单位

楼层分析：01号方案为反"L"形楼，1梯8户，由建筑面积35.50平方米的A户型和41.66平方米的B户型组成。电梯属于预留，6层以下的也可以不设。户型模块由长走廊连接，整齐划一，但致命的弱点是厨房窗直接对着走廊，通风不好，邻居间相互串味，并且私密性较差。

功能布局：A户型单面采光，为使起居室和卧室同处采光面，分割了仅4.1米的开间，结果：双人床靠墙成"炕"；沙发和电视距离仅1米多。更大的毛病是厨房窗户朝向走廊，公共空间和个人隐私都得不到保障。

改前

公共租赁住房优秀设计方案
01 号方案（改造后）

一居室

　　改造重点：所有户型厨房直接通风、采光；隔出独立卧室；保证沙发和电视的正常距离。

　　01-A 户型厨房调整到外侧，直接采光，隔出卧室并偏转床，加大沙发和电视的距离。

　　01-B 户型厨房调整到边角，直接采光，卧室保持合理的开间并偏转床，加大沙发和电视的距离。

改后

公共租赁住房优秀设计方案

01-B 户型

一居室

户型分析：01-B户型为一室二厅一卫，建筑面积41.66平方米，模块尺度为4.8米×7.2米。卫生间和厨房沿开间方向布置，形成横向管线区，好处是门厅通道兼作厨卫入门的转换空间。在4.8米不够分成两个开间时，硬性分割卧室和起居室，只能是捉襟见肘。

功能布局：厨房尺度适宜，但冰箱设置在起居室的角落，用起来非常不便。在人口不多或者转换空间并不受限的情况下，卫生间干湿分离没有必要，只会使原本不大的空间更加局促。另外，1米多的看电视距离实在是不舒服，靠墙成"炕"的床，睡在里侧的人只能是从床尾爬上爬下。

改造重点：书房区调整到餐厅下端；卧室独立；客厅借用交通通道；厨房封闭并纳入冰箱；卫生间合并干湿间。

首先，书房区调整到原客厅处，缩小开间和阳台。

其次，卧室下移，加大开间并独立。

再次，客厅借用交通通道，开间加大到3米，沙发变成三人的。

接着，封闭厨房，改成单推拉或平开门，将冰箱纳入。

然后，餐厅处增开窄条窗。

最后，卫生间合并干湿间，保持相对宽裕。

改造后，各空间比例和谐，充分借用了原本狭长的交通通道。

改前　　　　　　　　　　　　改后

公共租赁住房优秀设计方案
01-B 户型

一居室

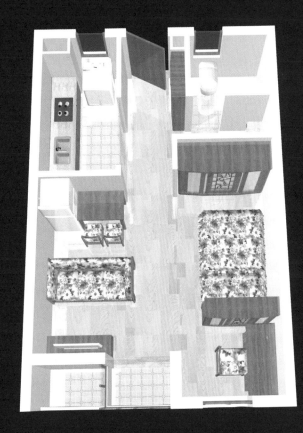

改前

改后

- 卫生间合并干湿间，保持相对宽裕。
- 厨房封闭，改成单推拉或平开门，将冰箱纳入。
- 客厅借用交通通道，开间加大到3米，沙发变成三人的。
- 餐厅处增开窄条窗。
- 书房区调整到原客厅处，缩小开间和阳台。
- 卧室下移，加大开间并独立。

公共租赁住房优秀设计方案
02号方案（改造前）

一居室

　　楼层分析：02号方案为板塔楼，1梯6户，由建筑面积34.18平方米的A户型、42.65平方米的B户型和42.79平方米的C户型组成。C户型处于板楼部分，三面采光，整体非常通透。A、B户型处于塔楼部分，采光不错，通风一般。楼座北侧有两个大凹槽，整体不够紧凑。

　　功能布局：A户型单面采光，厨房满足了直接通风，但卧区的床靠墙摆放成了"炕"，并且床尾对着窗户，使用不便。B户型两面采光，各空间格局不错，如果结合楼座调整，可以偏转厨房，左移卫生间，将门厅调整到右上角，保证C户型的调整。C户型三面采光，各空间尺度易于处理得和谐，有所不足的是，餐厅受通道的影响，与客厅挤在了一起。

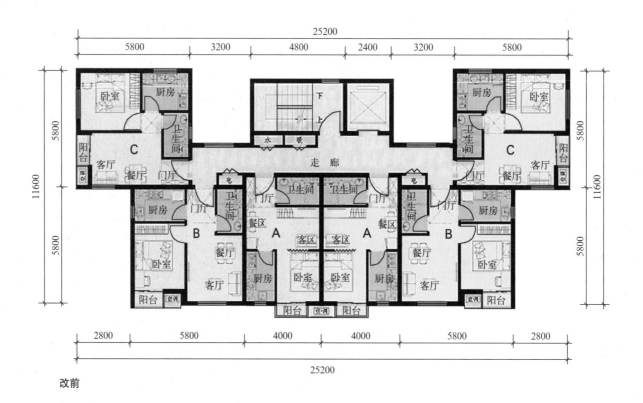

改前

公共租赁住房优秀设计方案
02 号方案（改造后）

一居室

改造重点：改变 A 户型布局，规整空间。调整 B、C 户型，压缩楼座总面宽。

02-A 户型厨房与卫生间调整到同一侧，不仅利于管线布置，也使得冰箱可以借用厨卫门前的交通转换空间。卧室和起居室完全隔开，使各种家具都正常摆放。

02-B 户型阳台调整到起居室，保证卧室下移。厨房偏转，卫生间改变比例并和门厅对调。

02-C 户型卫生间和门厅对调，保证餐厅获得稳定的夹角。

改造后，C 户型向里侧收缩 1.2 米，这样，楼座总面宽缩短了 2.4 米，有效地节约了占地，并且使楼座凹槽减小，显得更为紧凑。

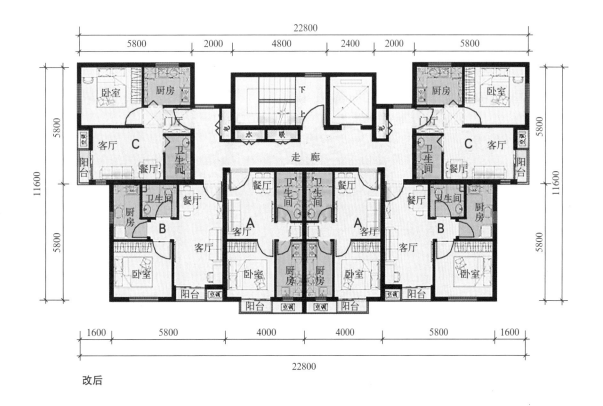

改后

公共租赁住房优秀设计方案
02-C 户型

一居室

户型分析：02-C 户型为一室一厅一卫，建筑面积 42.79 平方米，模块尺度为 5.8 米 × 5.8 米。卫生间、厨房和卧室共用 1 平方米多的转换空间，利用率较高。问题是入门交通通道挤压了餐厅，使起居空间显得比较局促。

功能布局：各空间尺度都比较适宜，尤其是客厅两面采光，非常明亮。不足的是起居室开间比卧室小，不太匹配。

改造重点：对调门厅和卫生间。

首先，卫生间下移，门改开朝上。

其次，餐桌靠墙，保持稳定。

再次，起居室窗户缩小。

最后，客厅沙发改成三人的。

调整后，交通动线更为集中，各空间转换从门厅开始，同时，由于入门交通动线的去除，加大了起居室面积。

改前

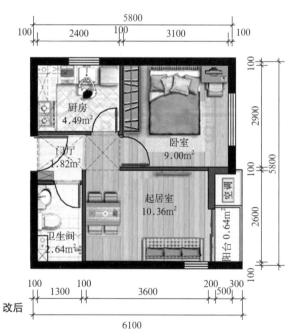

改后

公共租赁住房优秀设计方案
02-C 户型

一居室

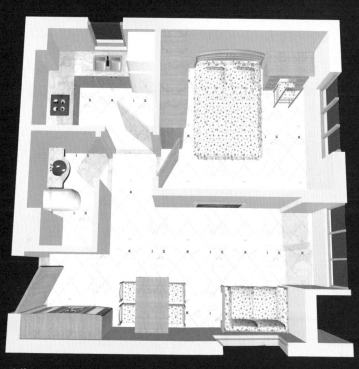

改前

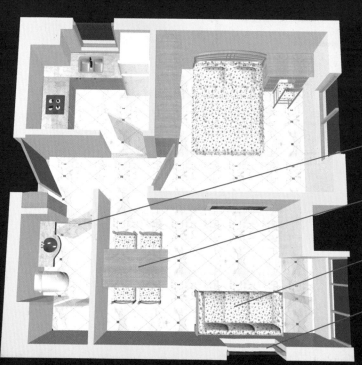

- 卫生间下移，门改开朝上。
- 餐桌靠墙，保持稳定。
- 客厅沙发改成三人的。
- 窗户缩小。

改后

公共租赁住房优秀设计方案
07 号方案（改造前）

一居室

　　楼层分析：07 号方案为塔楼，3 梯 10 户，由建筑面积 34.60 平方米的 A 户型、34.60 平方米的 B 户型、43.26 平方米的 C 户型和 50.14 平方米的 D 户型组成。户型模块围合布局，非常规整。需要调整的是：两个 A 户型之间的隔墙与电梯井前墙有一点错位，应该取齐。

　　功能布局：A、B 户型单面采光，起居室到卧室的"之"字形布局加大了交通动线。同时，双人床靠墙摆放，无法满足正常使用，睡在里侧的人要像爬"炕"一样上下。C 户型整体不错，若要加大起居空间，可以改变卫生间比例，在门厅一侧挤出餐厅的位置，这样客厅可以加大不少。

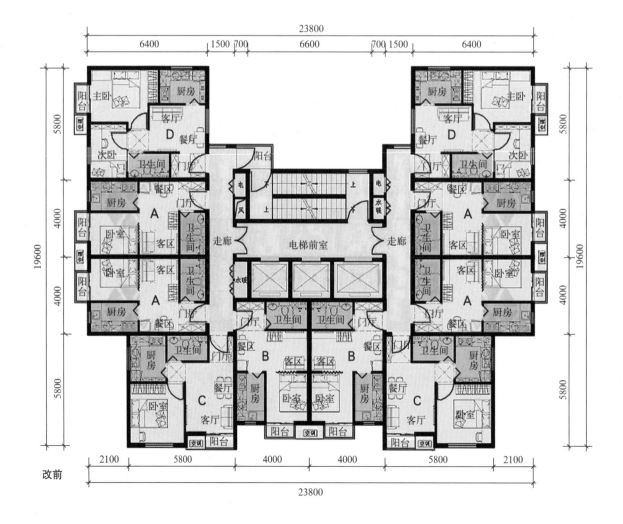

改前

公共租赁住房优秀设计方案
07 号方案（改造后）

一居室

改造重点：A、B 户型厨卫集中排列，合理摆放家具。C 户型压缩厨卫，加大起居室。

07-A、07-B 户型厨房和卫生间调整到同一侧，既集中管线，又使得冰箱可利用厨卫门之间的转换空间。卧室与起居室隔开，偏转床并加大沙发。

07-C 户型压缩卧室，收窄厨房，取方卫生间，目的是在门厅一侧挤出餐厅，加大客厅的面积。

楼座交通管井和 B 户型整体微微上移，使电梯井前墙和两个 A 户型之间的墙取齐，保持结构墙的整齐贯穿。

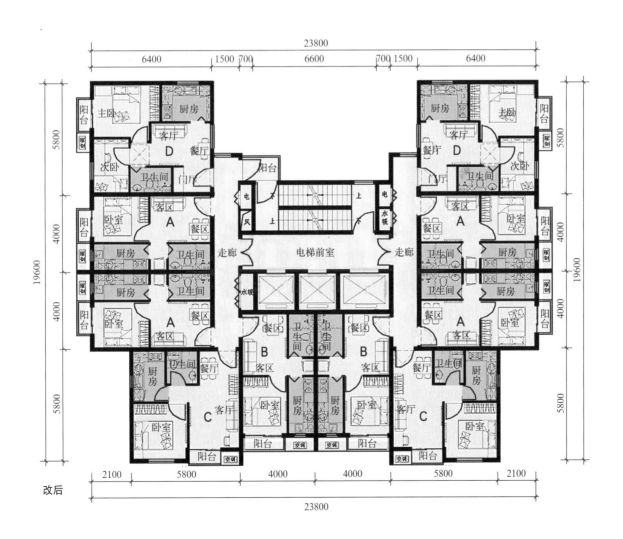

改后

公共租赁住房优秀设计方案
07-C 户型

一居室

户型分析：07-C 户型为一室一厅一卫，建筑面积 43.26 平方米，模块尺度为 5.8 米 ×5.8 米。卫生间、厨房和卧室采用同一转换空间，利用率很高。不足的是门厅到该转换空间的交通通道挤压了餐厅，使客厅变得局促。

功能布局：厨房、卫生间的尺度比较适宜，各类用具的设置也恰到好处。不足的是起居室的开间和实际面积小于卧室，不够均好，同时餐厅和客厅挤在了一起。

改造重点：调整厨房；改变卫生间比例；上移餐厅。

首先，厨房右墙左移 30 厘米，缩小进深。

其次，厨房下墙下移 40 厘米，扩大开间。

再次，卫生间取方比例，调整洁具。

接着，卧室压缩进深，去掉书桌。

然后，餐厅设置在门厅旁，相对独立。

最后，扩大了的客厅加入书桌和三人沙发。起居室三厅既分离又相互借用空间。

改前

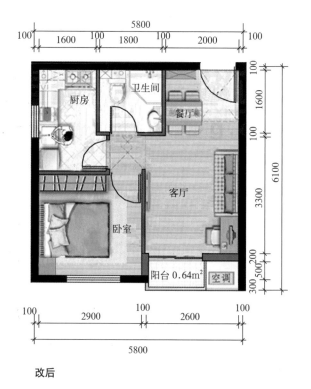

改后

公共租赁住房优秀设计方案
07–C 户型

一居室

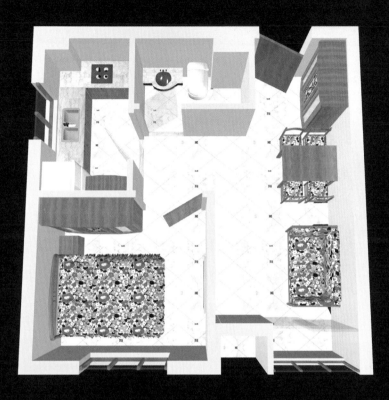

改前

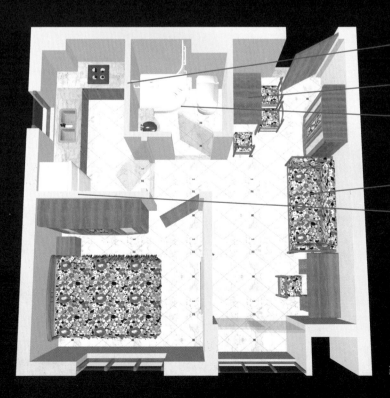

改后

- 厨房右墙左移 30 厘米，缩小进深。
- 餐厅设置在门厅旁，相对独立。
- 卫生间取方比例，调整洁具。
- 扩大了的客厅加入书桌和三人沙发。
- 厨房下墙下移 40 厘米，扩大开间。

二居室

二居室是一种承上启下、灵活多变的户型，自住时，单身、三口可住，两代也能凑合。租房者一般讲求实用，对于宽敞和气派，往往放在了次要的位置，因此，选择上要注意：

面积精巧过渡自如

二居室的面积一般为 50 平方米，那么，室内各空间的面积究竟"精"到什么程度才算合适？一般来说，双人卧室不小于 9 平方米，能满足"卧"的基本需要；单人卧室不小于 5 平方米已经够用；三件套洁具的卫生间不小于 2.5 平方米、厨房不小于 4 平方米就能使用。

配置繁简定位不同

通常，卫生间内设置淋浴器、洗手盆和坐便器，若进行干湿分离，湿区不小于 2 平方米。需要注意的是，干湿分离虽然能够提高卫生间的利用率，但也会使占用面积增加，在家庭人口有限的情况下，若干区不兼作交通转换空间，建议尽量不做分离，以保证空间集约最大化。

厨房面积不应小于 4 平方米，低于这个数值，室内热量聚集就会过大。一般来说，单排操作净宽度不小于 1.5 米，双排操作净宽度不小于 1.9 米，并且操作面长度不小于 2.1 米，当然，宽大一点便于增加功能，可放进洗衣机、冰箱等。至于阳台、储藏间、门厅等功能空间，在保证主要居室面积的前提下增设，会使户型的品质有所提高，需要注意的是，由于公租房的起居室面积有限，建议门厅、餐厅和客厅不要过于独立，以免各空间的面积局促。通常，门厅和餐厅可以混合，平常关上户门，餐厅就会变得宽大；客厅和交通通道也可以混合，即便有些交叉干扰，也比起居空间仅保留餐厅、门厅而牺牲客厅强许多。

北京市公共租赁住房设计指南

D2-2 户型

二居室

原设计单位：北京市公共租赁住房发展中心
国家住宅与居住环境工程技术
研究中心

户型分析：D2-2 户型为二室一厅一卫，建筑面积 51.13 平方米，模块尺度为 7.6 米 ×5.8 米。这种户型处于东北侧和西北侧，两面采光。

功能布局：主卧室内双人床靠墙放置，成为了"炕"，使用起来非常别扭。另外，客厅和餐厅有些拥挤。同时，卫生间内淋浴正对着坐便器，使用不便。

改造重点：偏转主卧室床；对调厨房和起居室及户门；卫生间内增加独立淋浴间；洗衣机设置在阳台。

首先，偏转床，保证两人从两侧上床，互不干扰。

其次，对调厨房和起居室及户门。

再次，客厅和餐厅由交通通道自然分割。

接着，卫生间调整管道和洁具，设立独立淋浴间。

然后，冰箱放置在厨房门后。

最后，洗衣机设置在阳台。

条件允许的情况下，餐厅和客厅尽量利用交通通道分离。

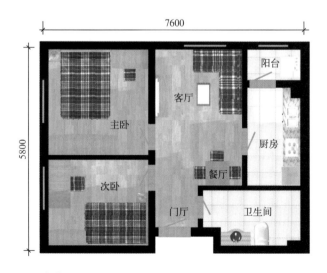

改前

改后

北京市公共租赁住房设计指南
D2-2 户型

二居室

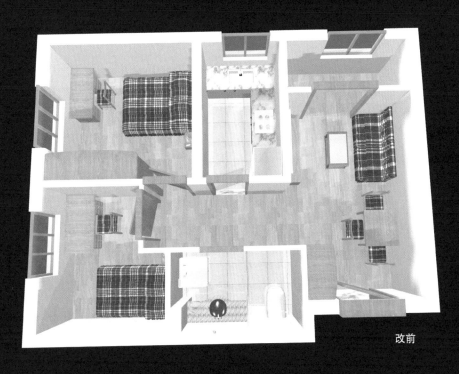

改前

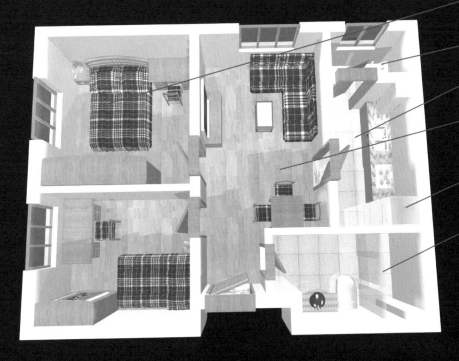

改后

- 偏转床，保证两人从两侧上床，互不干扰。
- 洗衣机设置在阳台。
- 对调厨房和起居室及户门。
- 客厅和餐厅由交通通道自然分割。
- 冰箱放置在厨房门后。
- 卫生间调整管道和洁具，设立独立淋浴间。

北京市公共租赁住房设计指南

D4-1 户型

二居室

户型分析：D4-1 户型为二室二厅一卫，建筑面积 52.07 平方米，模块尺度为 5.5 米 ×8.1 米。卫生间和厨房纵向排列，好处是利于管线的集中布局。

功能布局：主卧室位于北侧，舒适度较差，并且床靠墙，成为了"炕"。同时，门厅过于狭长。

改造重点：主卧室内偏转床；厨房门设置在冰箱北侧；卫生间门改为与厨房门相对，增设淋浴间；缩小门厅。

首先，主卧室内偏转床，平行于窗户摆放。

其次，厨房增加隔墙，与主卧下墙取齐。

再次，卫生间门改为与厨房门相对，调整洁具，增设淋浴间。

接着，洗衣机设置在阳台。

然后，缩小门厅，设置小衣柜。

最后，调整次卧室家具。

调整后，缩小了户型面积，交通线相对集中，次卧也变得规矩了。

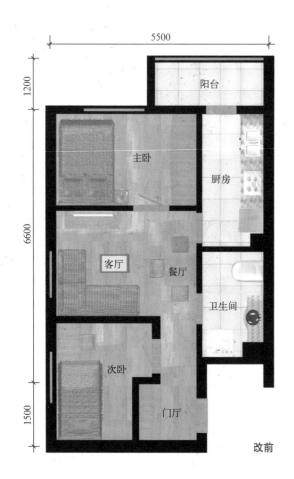

改前

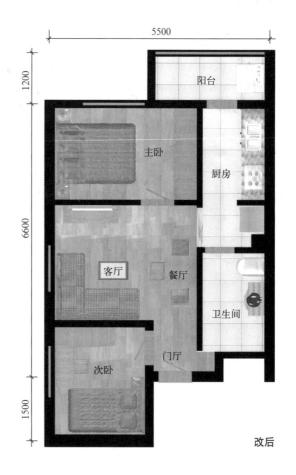

改后

北京市公共租赁住房设计指南
D4-1 户型

二居室

改前

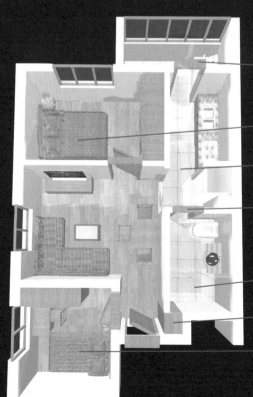

改后

- 洗衣机设置在阳台。
- 主卧室内偏转床，平行于窗户摆放。
- 厨房增加隔墙，与主卧室下墙取齐。
- 卫生间门改为与厨房门相对。
- 调整洁具，增设淋浴间。
- 缩小门厅，设置小衣柜。
- 调整次卧室家具。

北京市公共租赁住房设计指南

C1-2 户型

二居室

户型分析：C1-2户型为二室一卫，建筑面积47.10～51.52平方米，模块尺度为6.4米×6.6米。两个卧室独立，厨房开放，并与餐厅合在一起，相当于20世纪七八十年代有室无厅或仅有过厅的户型。

功能布局：两个卧室尺度适宜并占据着阳光面。开放式厨房兼作餐厅的设计有些浪费，并且缺少客厅。另外，卫生间内淋浴和坐便器有冲突，使用不便。

改造重点：水平翻转次卧；餐厅增加会客沙发和小衣柜；调整卫生间。

首先，水平翻转次卧，门改在右上角。

其次，餐桌下移至两卧室门之间，平板电视安放于墙面上。

再次，增加沙发。

接着，大门后设置小衣柜。

然后，卫生间内调整洁具，增加淋浴间。

最后，洗衣机设置在阳台。

将客厅和餐厅混合设置，目的是增加实用功能，并且借助餐桌墙面安放电视。

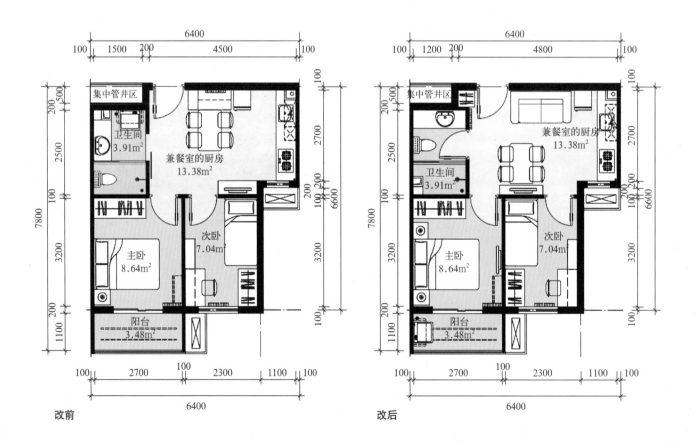

改前

改后

北京市公共租赁住房设计指南
C1-2 户型

二居室

改前

改后

- 大门后设置小衣柜。
- 增加沙发。
- 餐桌下移至两卧室门之间，平板电视安放于墙面上。
- 卫生间内调整洁具，增加淋浴间。
- 水平翻转次卧，门改在右上角。
- 洗衣机设置在阳台。

北京市公共租赁住房设计指南

D5 户型

二居室

户型分析：D5 户型为二室二厅一卫，建筑面积 55.49 平方米，模块尺度为 6.2 米 ×9.6 米。这类户型非基本模块，主要是用于楼座边角的补充，所以起居室被挤压成"刀把"形。

功能布局：两个卧室及厨房尺度适宜。需要改进的是：厨房内对调洗涤池和燃气灶；卫生间需要设置独立淋浴间；改开大门，这样可以增加门厅衣柜和鞋柜。

改造重点：厨房内对调洗涤池和燃气灶；卫生间设置独立淋浴间；改开大门。

首先，厨房内对调洗涤池和燃气灶，保证洗碗时处于明亮的窗前。

其次，卫生间内调整洁具，设立独立淋浴间。

再次，改开大门朝下，门后压缩公共管井区和卫生间，并设置衣柜。

接着，加大沙发，旁边设置鞋柜。

然后，对调主卧室内的床和书桌。

最后，洗衣机设置在阳台。

淋浴间可以压缩长度，让出空间给门厅衣柜，这样可以充分利用空间。沙发旁可以设置鞋柜。

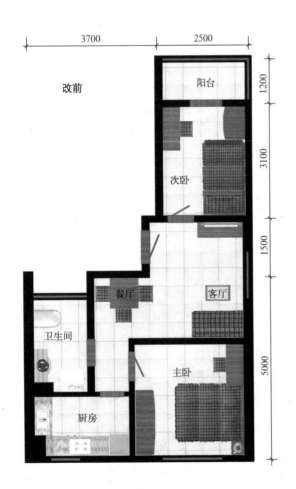

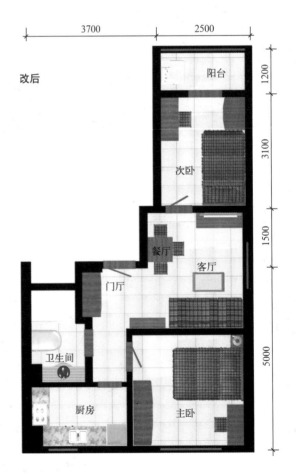

北京市公共租赁住房设计指南
D5 户型

二居室

改前

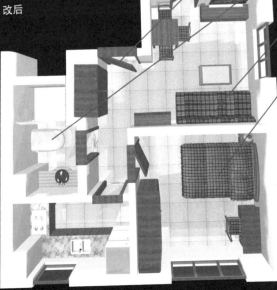

改后

- 洗衣机设置在阳台。
- 改开大门朝下，门后压缩公共管井和卫生间并设置衣柜。
- 卫生间内调整洁具，设立独立淋浴间。
- 加大沙发，旁边设置鞋柜。
- 对调主卧室内的床和书桌。

北京市公共租赁住房设计指南

D1-1 户型

二居室

户型分析：D1-1 户型为二室一厅一卫，建筑面积 55.74～60.97 平方米，模块尺度为 6.2 米×7.8 米。卫生间和厨房沿进深纵向排列，集中了管线。因东南两面采光，两个卧室和起居室纵向排列，所以交通动线稍长。

功能布局：厨卫尺度适宜，但厨房开了阳台门，只能采用"一"字形橱柜，操作台面稍短。卫生间内仍是缺乏独立淋浴间。主卧室呈现"刀把"形，并且床靠墙成"炕"，比较别扭。同时，餐厅和客厅挤在一起，空间局促。

改造重点：调整厨房门；冰箱放置在厨卫之间；卫生间内设置独立淋浴间；右移主卧室门，设置衣帽间和餐厅。

首先，调整卫生间比例和洁具，设立独立淋浴间。

其次，厨房门外放置冰箱。

再次，右移主卧室门，拐角设置衣帽间，同时偏转床。

接着，餐厅与客厅用交通通道自然分离，并对调沙发和电视。

然后，门后设置小衣柜。

最后，洗衣机设置在阳台。

交通转换空间和通道尽可能满足多个功能空间的使用，如进入厨房、卫生间之间的交通通道设置冰箱，进入主卧室的交通通道自然分割餐厅和客厅。

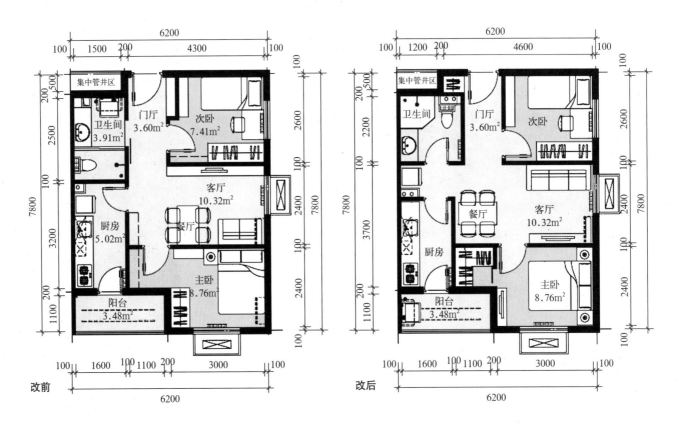

改前   改后

北京市公共租赁住房设计指南
D1-1 户型

二居室

改前

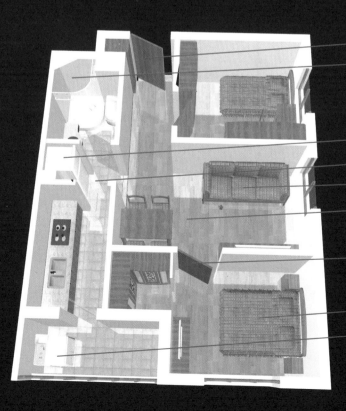

- 门后设置小衣柜。
- 调整卫生间比例和洁具，设立独立淋浴间。
- 厨房门外放置冰箱。
- 下移厨房门。
- 对调沙发和电视。
- 餐厅与客厅用交通通道自然分离。
- 右移主卧室门，拐角设置衣帽间。
- 偏转床。
- 洗衣机设置在阳台。

改后

北京市公共租赁住房设计指南

D1-2 户型

二居室

户型分析：D1-2户型为二室二厅一卫，建筑面积55.91～61.16平方米，模块尺度为6.2米×7.8米。该户型两面采光，比较敞亮，但起居室面积小于主卧室，均好性不够。

功能布局：除了厨房尺度适宜外，其他空间都需要调整：卫生间取方格局，既设置独立淋浴间，又扩大了起居室进深；两个卧室左墙右移，与厨房取齐，扩大起居室的开间。

改造重点：卫生间取方尺度，增加独立淋浴间；两个卧室左墙右移，与厨房取齐；门后设置

小衣柜；洗衣机设置在阳台。

首先，上移卫生间下墙，右移卫生间右墙，重新布置洁具和管井。

其次，两个卧室左墙右移，与厨房取齐。

再次，主卧室的床偏转成"炕"，调整家具。

接着，次卧室内调整家具。

然后，门厅压缩集中管井区，设置小衣柜。

最后，洗衣机设置在阳台。

改造后，加大了起居室开间和进深，但空间的比例相对均好。

北京市公共租赁住房设计指南
D1-2 户型

二居室

改前

- 门后压缩集中管井区,
  设置小衣柜。
- 上移卫生间下墙,右
  移卫生间右墙,重新
  布置洁具和管井。
- 次卧室内调整家具。
- 两个卧室左墙右移,
  与厨房取齐。
- 主卧室的床偏转,调
  整家具。
- 洗衣机设置在阳台。

改后

北京市公共租赁住房设计指南

D1-3 户型

二居室

　　户型分析：D1-3 户型为二室二厅一卫，建筑面积 55.99 ～ 61.23 平方米，模块尺度为 6.2 米 ×7.8 米。起居室设置在两个卧室中间，一定程度上节约了主交通动线，但起居室和次卧室有动静干扰。

　　功能布局：各空间尺度恰到好处，面积配比和谐，但卫生间内淋浴与坐便器混杂，餐厅受厨房门挤压，都是需要调整的。

　　改造重点：卫生间增加独立淋浴间；改开厨房门；左移次卧室门；大门后设置小衣柜；洗衣机安放在阳台。

　　首先，卫生间调整管道，设立独立淋浴间。

　　其次，左移厨房左墙，改开厨门。

　　再次，左移次卧室门。

　　接着，对调客厅沙发和电视。

　　然后，缩小集中管井区，增加门厅衣柜。

　　最后，洗衣机安放在阳台。

　　厨房门开在门厅有两个好处：一是充分利用门厅进行转换；二是避免干扰起居室。

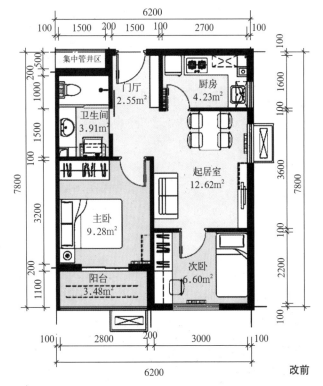

改前

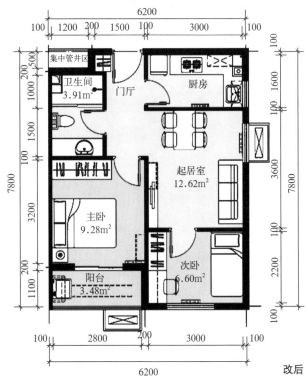

改后

北京市公共租赁住房设计指南
D1-3 户型

二居室

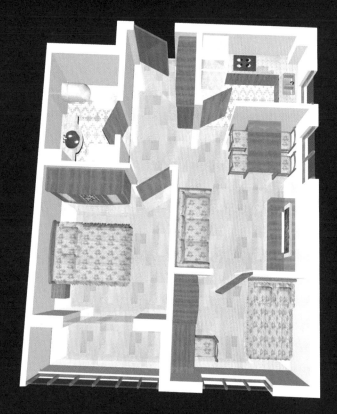

改前

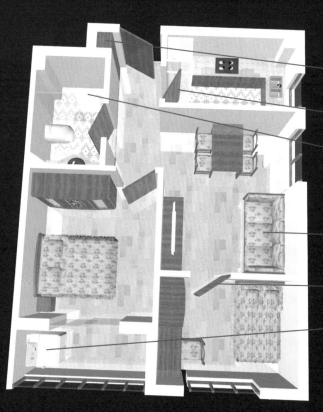

- 缩小集中管井区，增加衣柜
- 左移厨房左墙，改开门。
- 卫生间调整管道，设立独立淋浴间。
- 对调客厅沙发和电视。
- 左移次卧室门。
- 洗衣机安放在阳台。

改后

北京市公共租赁住房设计指南

D1-4 户型

二居室

户型分析：D1-4 户型为三室一卫，建筑面积 56.23 ～ 61.50 平方米，模块尺度为 6.2 米 × 7.8 米。该户型如同 20 世纪七八十年代的仅有过厅的样式，同时两个次卧室采用套间式，好处是充分利用了两面采光窗，解决家庭人口多的居住需求。

功能布局：三个卧室比例适宜，面积配比和谐。问题是开放式厨房和餐厅混杂在一起，同时缺少起居的客厅，不太符合中国人的居住习惯。另外，卫生间内坐便器与淋浴混杂，使用不便。

改造重点：水平翻转次卧室的门；餐厅内增加沙发和电视；调整卫生间；大门后设置小衣柜；洗衣机设置在阳台。

首先，右移并翻转次卧室的门，延长餐厅墙面。

其次，餐厅内增加沙发和电视。

再次，卫生间调整管道和洁具，设立独立淋浴间。

接着，压缩集中管井区，设置门厅小衣柜。

最后，洗衣机设置在阳台。

电视安放在餐桌所靠墙面上，就餐后仍可以看电视，保证正常的起居需要。

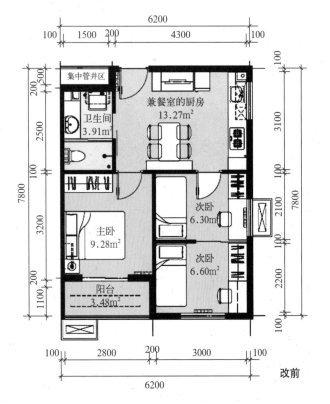

改前

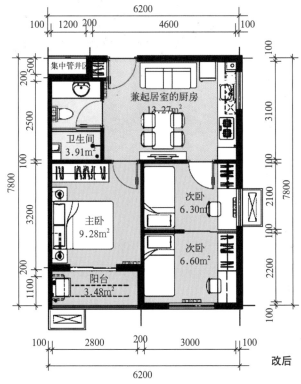

改后

北京市公共租赁住房设计指南
D1-4 户型

二居室

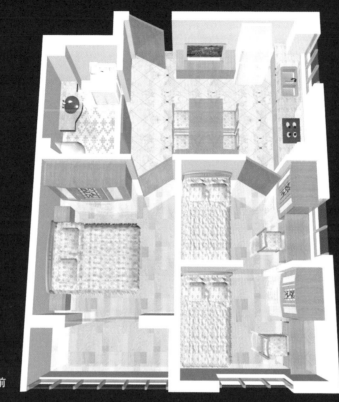

改前

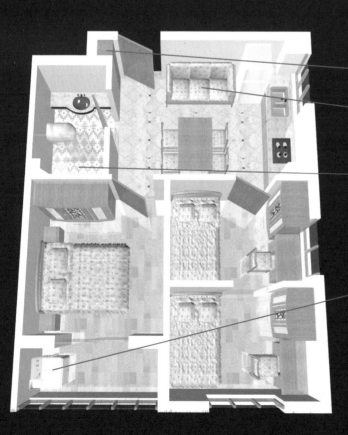

改后

- 压缩集中管井区,
  设置门厅小衣柜。
- 餐厅内增加沙发和
  电视。
- 卫生间调整管道和
  洁具,设立独立淋
  浴间。
- 洗衣机设置在阳
  台。

公共租赁住房优秀设计方案
05 号方案（改造前）

`二居室`

原设计单位：中国建筑标准设计研究院等 26 家单位

楼层分析：05 号方案为通廊式"U"形楼，3 梯 16 户，由建筑面积 37.19 平方米的 A 户型、43.65 平方米的 B 户型和 52.50 平方米的 C 户型组成。电梯分成两组，以缓解过长的走廊的上下不便。户型模块由长走廊连接，整齐划一，好处是便于模块施工，结构规范。

功能布局：A、B 户型厨房和卫生间均在里侧，这样起居室和卧室都可以获得直接采光，但弱点是厨房窗开向走廊，通风不好，相互串味，并且私密性较差，因此需要将厨房设计在外侧，保证窗户直接对外。C 户型位于东南和西南侧，两面采光，厨房同样设计在里侧，窗户朝向走廊，可以考虑将厨房和卫生间对调，保证厨房直接对外采光、通风。

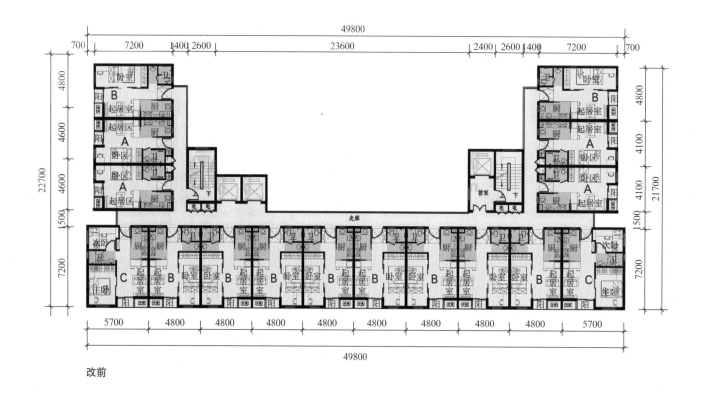

改前

公共租赁住房优秀设计方案
05 号方案（改造后）

二居室

改造重点： 所有户型的厨房达到直接通风、采光。

05-A、05-B 户型厨房调整到外侧，与卫生间对齐排列，卧室保持较大的开间，保证家具的正常摆放，但起居室部分只能处于灰色空间中。

05-C 户型厨房与卫生间对调，使厨房窗直接对外。

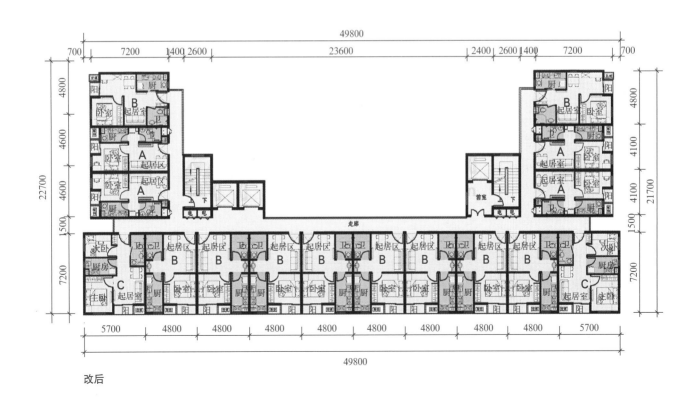

改后

公共租赁住房优秀设计方案
05-C 户型

二居室

户型分析：05-C 户型为二室二厅一卫，建筑面积 52.50 平方米，模块尺度为 5.7 米 ×7.2 米。户型对称布局：左边为两个卧室和卫生间；右边为门厅、厨房、起居室和阳台。各空间尺度和面积配比均好，存在致命的弱点：厨房窗户朝向走廊。

功能布局：主卧室开间和进深恰倒好处，问题是推拉门对着窗尾，似乎是为了打开时扩大起居室的面积，但这类门不隔声，使私密性难以得到保障。厨房采用半开放的两面推拉门，冰箱放在墙角，使用起来多有不便。起居室纵向一分为二，使沙发与电视距离仅有 1 米多，如同看电脑。

改造重点：对调厨房和卫生间；主卧室改成单开门。

首先，厨房调整到原卫生间处，纳入冰箱。

其次，卫生间调整到原厨房处，纳入洗衣机。

再次，次卧室右墙左移，使门厅衣柜厚度增加到 60 厘米，同时改开门朝向门厅。

接着，主卧室改成单开门，并移到右上角。

最后，沙发和电视偏转，保持足够的开间。

两居室应尽量保证三口之家的家具使用人数和使用尺度，如：四人餐桌，三人沙发；衣柜厚度要能正常挂放衣物，沙发和电视的距离要尽量在 2.4 米以上。

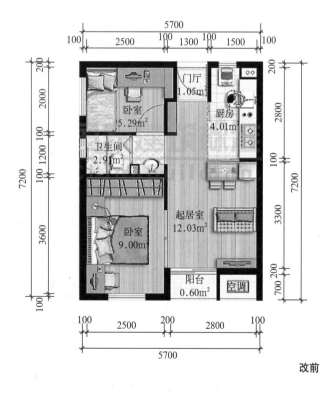

改前

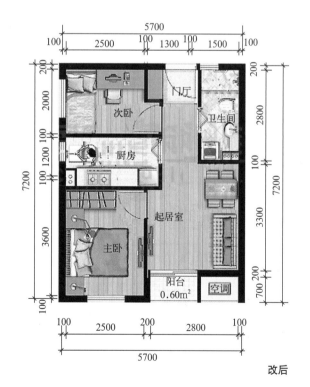

改后

公共租赁住房优秀设计方案
05-C 户型

二居室

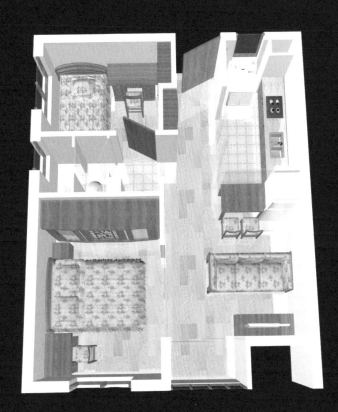

改前

改后

- 次卧室右墙左移，使门厅衣柜厚度增加到60厘米。
- 卫生间调整到原厨房处，纳入洗衣机。
- 次卧室改开门朝向门厅。
- 厨房调整到原卫生间处，纳入冰箱。
- 主卧室改成单开门，并移到右上角。
- 沙发和电视偏转，保持足够的开间。

后　记

本书写作的初衷，源于中国建筑标准设计研究院等 26 个单位共同编制的《公共租赁住房优秀设计方案》，源于北京市公共租赁住房发展中心和国家住宅与居住环境工程技术研究中心出台的《北京市公共租赁住房设计指南》，同时也源于北京市在建的一些公共租赁住房设计方案。

40 平方米左右，满足城市中等偏下收入家庭基本住房需求，符合住宅产业化发展方向等，是这些公租房设计方案的主基调。但笔者认为，这些方案一定程度上存在着缺陷：过多的分割空间，不合理的结构墙面，简单的通风处理，缺乏人性的家具摆放，使有限的居住空间捉襟见肘。

厨房、卫生间因建筑标准要求不能过小，卧室因家具尺度限制无法过小，结果只能牺牲起居空间，客厅小，餐厅挤，而门厅却过于独立，有的甚至占用了 2.25 平方米的面积，这些配比的失衡，大大降低了居住的舒适度。其中问题包括：

空间利用率偏低。小套型既要注重格局的规矩，又要注意相互借用空间，尤其是交通空间。交通通道分为显性通道和隐性通道：前者比较明确，不能放置任何家具、物品，如大门到各居室的通道，橱柜前和洁具前等；后者不太明确，如床前床侧，桌椅之间，沙发和电视之间等。交通处理不好就要占用很大的空间，非常浪费。而这些设计多采用独立门厅和独立餐厅，使起居空间呈现刀把形，造成交通面积过多，动线过长。比如大部分门厅只解决了大门和卫生间的出入问题，不能与餐厅借势，而客厅和餐厅只能在有限的进深内叠加，留出将近一半的面积用于交通，使用面积非常局促。另外，各空间也要注意相互借用，集中功能，不要过于细分。如门厅和餐厅、客厅和通道，相互借用后不仅能共用面积，还能增加空间的气势。同时，冰箱尽量与厨房设置在一起，衣柜尽量与床设置在一起。一居室居住人口有限，卫生间尽量不做干湿分离，以节约面积。

通风、采光不好。有些方案因小户型集中排列，造成厨房、卫生间的通风、采光窗在走廊里，既污染公共环境，又缺乏私密性和安全性。同时，过多的凹凸设计，容易形成采光、观景遮挡，并且增加建筑成本。

家具摆放缺乏人性化。具体表现为：床靠墙放置，只能从一侧上，成为了"炕"，并且床头背向窗户，甚至个别套型只放入了单人床；客厅沙发设计为双人，并与电视距离仅有 2.1 米，餐桌为双人小桌，面积局促等等，缺乏人性化。实际上，保证三口之家正常使用的设计应为：选择 1.5 米的双人床，平行窗户摆放并能两侧上下；选用三人的沙发，并与电视的距离要在 2.7 米以上；选用四人的餐桌，使家庭成员能够正常用餐。

现代住宅以起居为核心，空间的合理与否关系到居住的质量，不能因面积有限而牺牲起码的需求，更不能倒退到几十年前的套型样式。对此，笔者对方案进行了全面的调整，并选出部分以图纸和文字的形式，在 2012 年 2 月 22 日《中国建设报》中国住房 7 版上作了"李小宁《公共租赁住房优秀设计方案》意见反馈"的专题。

公共租赁住房面积有限，使用率相对偏低，各空间你中有我，既分又合，相互照应，借用交通等，成为了设计优劣的关键。

作者　2012 年 9 月于北京西山

全案策划：**horserealty** 北京豪尔斯房地产咨询服务有限公司

技术支持：**horseexpo** 北京豪尔斯国际展览有限公司

图稿制作：**horsephoto** 北京黑马艺术摄影公司

文字统筹：✍ 李小宁房地产经济研究发展中心

作者主页：lixiaoning.focus.cn　　　　　　　　　　　　搜狐网—房产—业内论坛—地产精英（www.sohu.com）

作者博客：http://LL2828.blog.sohu.com　　　　　　　搜狐焦点博客（www.sohu.com）

　　　　　http://blog.soufun.com/blog_5771374.htm　　搜房网—地产博客（www.soufun.com）

　　　　　http://blog.sina.com.cn/lixiaoningblog　　　新浪网—博客—房产（www.focus.cn）

　　　　　http://www.funlon.com/李小宁　　　　　　　房龙网—博客（www.funlon.com）

　　　　　http://www.quanjinglian.com/uchome/space-93.html　全经联家园—个人主页（www.quanjinglian.com）

　　　　　http://hexun.com/lixiaoningblog　　　　　　和讯网—博客（www.hexun.com）

　　　　　http://lixiaoning.blog.ce.cn　　　　　　　　中国经济网—经济博客（www.ce.cn）

　　　　　http://lixiaoning.114news.com　　　　　　　建设新闻网—业内人士（www.114news.cn）

　　　　　http://blog.ifeng.com/1384806.html　　　　　凤凰网—凤凰博报（www.ifeng.com）

　　　　　http://lixiaoning.china-designer.com　　　　设计师家园网—设计师（www.china-designer.com）

　　　　　http://lixiaoning.buildcc.com　　　　　　　　建筑时空网—专家顾问（www.buildcc.com）

　　　　　http://www.aaart.com.cn　　　　　　　　　　中国建筑艺术网—建筑博客中心（www.aaart.com.cn）

　　　　　http://2de.cn/blog　　　　　　　　　　　　　中国装饰设计网—设计师博客（www.2de.cn/blog）

　　　　　http://blogs.bnet.com.cn/?1578　　　　　　　商业英才网—博客（www.bnet.com.cn）

　　　　　http://lixn2828.blog.163.com/blog　　　　　　网易—房产—博客（www.163.com）

编写人员：王飞燕、刘兰凤、李木楠、李宏垠、潘瑞云、刘志诚、李燕燕、李海力、罗　健、刘　晶、陈　婧、刘冬宝、刘　亮、
　　　　　刘润华、谢立军、刘晓雷、刘思辰、刘冬梅、隋金双、赵　静、王丽君、刘兰英、郭振亚、王共民、张茂蓉、杨美莉、
　　　　　李　刚、伊西伟、潘如磊、刘　丽、吴　燕、陈荟凤